RINGS

RINGS

JEWELRY OF POWER,

LOVE AND LOYALTY

DIANA SCARISBRICK

[英] 黛安娜·斯卡里斯布里克 著　全全喜　别智栢　辇晓 译

关于

权利、爱与忠诚的西方戒指品类图鉴

戒指

中国轻工业出版社

图1，2 环衬前页
公元前5世纪古希腊黄金戒指双视图，饰以金丝工艺和黄金造粒。戒面是劳作后正在歇息的大力神赫拉克勒斯和代表好运的铭文"XAIPE"。

图3 环衬后页
一组由本杰明·祖克家族收藏的不同设计风格的戒指。图中大部分戒指来自公元3~4世纪的古代时期，而中间靠右的手形戒指则是考古复兴风格，由罗马的卡斯特拉尼创作于1860年左右。

　　这本书内的戒指藏品以本杰明·祖克家族收藏为主，同时收罗了巴尔的摩沃尔特斯艺术博物馆、波士顿美术博物馆、哥本哈根的罗森堡宫、伦敦弗洛伊德博物馆、卡地亚典藏以及其他私人收藏的珍品系列。这些个人私藏来自莫妮卡·布莱克夫人（遗产）、桑德拉·克罗南、查茨沃斯财产管理人、乔纳森·诺顿、马丁·诺顿（遗产）、尼古拉斯·诺顿夫人、罗斯贝里伯爵和伯爵夫人、约瑟夫爵士和露丝·萨塔洛夫夫人，以及其他诸位不愿意透露姓名的收藏家。

目 录
Contents

前言

詹姆斯·芬顿

没有什么物件的象征意义和重要性可以比得上戒指。作为一个在我们人类世界已经存在了大约四千年的物品，戒指几乎无所不在，蕴含着各式各样的深意。在古希腊小说《查理斯和卡利赫》（*Chaereas and Callirhoe*）中，怀孕的女主人公因思念丈夫而亲吻戒指上丈夫的肖像，并与之交谈。之后，她还将戒指对着自己子宫，形成一个属于妻子、丈夫和未出世孩子的亲密交流的环境。

戒指可以代表永恒不变的爱的誓言。戒指也是身份的证明。当然世界上还有部分地区，戒指并不属于当地传统文化，比如中国，他们用的是一种称为"玺印"的物件来替代印章类戒指。戒指也是力量的象征，包括善与恶。它们被认为可以藏毒，同时也能抵御毒害。

由于戒指的基本结构设计非常简单，以至于多年来戒指的形态并没有发生太大变化，指环和戒面仍然是两大组成部分，其余一切都是基于这一结构进行的演变。然而，我们仍然欣喜地看到，凝聚在这一方寸之上的各种各样的风格与尝试。

通常情况下，如果戒指掉落遗失，或是授意与死者一起埋葬，它们留存下来的概率便会增大很多。因为如果它们没有遗失，那么很可能会随着时尚的变化或因迫不得已而被熔化。但如果是被隐藏在宝窟中，或是落在某个泥潭沼泽，又或是被忽略遗忘了，那么总有一天它会被重拾再现。铁路大建设时代就是一个使戒指重见天日的伟大时期，而另外一个时期便是发明了金属探测仪的当下。

这是一本关于诸多鲜为人知却令人着迷的戒指的新书，是文学作品上的一次伟大补充。

图4
画作《工作中的圣埃利吉乌斯》的细节图，1515年由尼克劳斯·曼纽尔（Niclaus Manuel）绘制，图中两个金匠坐在他们的长凳上，右边那位手里拿着凿子正在制作戒指。这幅画是瑞士伯尔尼市的画家和金匠协会为普雷迪克教堂订制的祭坛画。圣埃利吉乌斯被认为是金匠的守护神。

译者序

玲珑一环，大有乾坤

近两年，国内关于珠宝历史的书籍日渐丰富，但是对于单一品类的深入研究却依旧乏善可陈。戒指，是所有珠宝品类中最为普及的一种。然而与它的小巧尺寸相反的是，在戒指背后蕴含着丰富广阔的涵义和悠远的历史。但似乎，我们当下大多数人对它的理解还仅仅只是停留在婚姻爱情相关的层面上。所以当我和别智韬、柴晓讨论到希望引进一本单一珠宝品类书籍进行翻译时，我们很快就选定了这本《戒指之美》*Rings*。

《戒指之美》*Rings*的原著作者黛安娜·斯卡里斯布里克女士，已经九十岁高龄，在国际古董珠宝界享有盛誉。她本人最初是一位历史学家，在研究历史的过程中对美术和装饰艺术产生了浓厚兴趣，并最终进入珠宝领域的专项研究。这本*Rings*自2007年问世以来，畅销不衰，深受好评。书中将不同类型的戒指划分为八大类别，涵盖印章、情感、纪念、装饰等，每个类别再以时间顺序铺陈展开，辅以大量彩图例证，总结和概括了各自的特色和用途，以及它们从古至今的艺术风格演变。

书中除了珠宝知识之外，大量文学史料的引用也是一大亮点，从古代诗歌、风俗故事、戏剧作品和名人书信中去发现戒指的身影，生动的生活细节和社会风尚的描述，与书中同时期的油画、藏品相映成趣，带来极强的阅读性，读者也更容易在这样鲜活的时代背景下体会到戒指存在的意义。

在翻译这本书时，为了尽可能地还原原著中这些史料的文学风采，包括中世纪英语和意大利古诗词，我们大胆尝试使用了诸如"绕指柔"这样的古早词汇与之对应，并保留住诗句中的对仗和押韵。此外，在这次翻译的过程中，我们还对一些固有名词进行了调整，例如fede戒指过去常常被称为"忠诚"戒指，但其实追根溯源fede是源于意大利语mani in fede，其中还有双手相握的意思，所以在此书中改用"以诚相握"戒指，希望可以让读者更加精准和直观地理解。当然这只是我们在学习过程中的一得之见，期待可以与更多专家、爱好者们探讨交流，精进不休。

最后，希望透过这本书，为大家呈现出戒指的多面性，不论是情感信仰上的内涵与意义，还是装饰艺术的风格变迁，甚至那些有趣的多用途小功能，戒指都远不止是爱情的象征而已。这枚指间之物，在漫长的几千年间，在人类生活的各个方面扮演着非常重要的角色，也一直是我们亲密的伙伴。它，是功能、美和情感的聚合。作为在佩戴时最方便自我欣赏的珠宝，希望可以通过这本书让更多人了解，戒指的真正品格，大于你所见。

全余音

2020年4月23日成都

第一章
印章戒指

SIGNETS

在过去四千年里，没有任何珠宝可以像戒指一样持续流行被人们一直佩戴。由于戒指存世量繁多，所以为考证珠宝历史，提供了全面的解读指南。研究中最令人兴奋的一点是，许多古人所熟知的用途、材料、技术和图案都在后古典时期被后人复兴和重新诠释了。

印章戒指尤其如此。当文字刚刚开始出现的时候，人们把带有独特标记或徽章图案的印章（相当于个人签名），刻印在石蜡或者黏土上，可以制造出一个凸起的镜像图案。印章一出现便成为统治者、政府官员，以及商业行为中必不可少的用于对文档进行身份验证并建立财产所有权的工具。而后为了方便，有人把印章做成戒指戴在手上，方便取用。苏美尔人、亚述人、巴比伦人和波斯人使用过的印章戒指非常罕见，但是有一枚公元前1400—公元前1300年的精美赫梯戒指幸存了下来，弯曲的戒面上方雕刻着双狮夹护的神像，象征着"伟大"和"君主"。

埃及

相比之下，在古埃及的坟墓中发现了更多的印章戒指，最常见的是圣甲虫（蜣螂，象征太阳神的甲壳虫）。由于是备受尊崇的护身符，所以大都被贴身佩戴。人们将水晶、紫水晶或上过釉的滑石雕刻成圣甲虫，虫体两侧钻对穿孔后用金线穿过做成"戒

图5 对页
阿玛尔纳墓室的浮雕，新王国时期，公元前1379—公元前1362年。古埃及法老埃赫那吞和他的皇后纳芙蒂蒂，正在从皇宫的窗户中，抛下戒指、韦赛赫项链和花瓶作为礼物来奖励他们的大臣阿伊（Ay）和他的妻子。

图6 上图
皮埃尔·威利奥特（Pierre Woeiriot）的印章戒指设计图，《金匠戒指手册》（*Livre d'aneaux d'orfevrerie*），1561年。

图7 左图
一枚黄金戒指，古埃及，新王国时期，公元前1379—公元前1362年。戒面上雕刻着代表法老阿蒙霍特普四世（即埃赫那吞）名字的象形文字。法老也向他的大臣阿伊（Ay）赠送了类似戒指。

图8 右图
这枚埃及戒指可以追溯到公元前6—公元前1世纪，它刻画了一个王座上的人物和侍从，戒面两端装饰涡卷纹。

圈"，底部工整地刻着图案和象形文字，标明主人的名字和头衔。这样的圣甲虫戒指大约出现在第十二王朝中期（约公元前1800年）。古埃及印章戒指一直没有什么变化，直到新王国时期（公元前1500年）开始，出现了一种全金属的马镫型戒指，法老埃赫那吞（Akhenaten，公元前1379—公元前1362年在位）统治期间的一枚在椭圆戒面上雕刻法老名字的黄金戒指是这一类型的杰出代表（图7）。在阿玛尔纳（Amarna）的墓室浮雕上，法老埃赫那吞和皇后纳芙蒂蒂（Nefertiti），从皇家宫殿的窗户中将数枚印章戒指抛出，赐给他的官员阿伊（Ay）和他的妻子，以表彰他们杰出的工作（图5）。这种戒指也被认为是高级行政级别的徽章，法老图坦卡蒙（公元前1336—公元前1327年）统治时期努比亚总督胡依（Huy）墓室的浮雕进一步证明了这一情况：胡依正在接受一枚印章戒指，戒指被涂上黄色，如同黄金一样的颜色，他不仅仅在公事中使用这枚戒指，同时也将佩戴它作为一种显示权力和权威的象征。此后，一直到托勒密时期，古埃及印章戒指始终保持了这种保守简洁的风格（图8）。

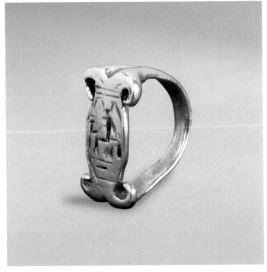

图9

用黄金或铜镶嵌的古埃及圣甲虫，被用作印章使用。上面通常都带有装饰性象形文字，护身符图案，主人头衔。上排从左到右：第一枚戒指来自公元前16—公元前11世纪；中间的戒指来自公元前4—公元前1世纪的托勒密时期；最右侧的青金石戒指，刻着"荷鲁斯的祭司行会首领"意思的文字。下排从左到右：公元前1504—公元前1450年，上面有图特摩斯三世的王名圈；另一块青金石戒指；最后两件都是来自约公元前1700年，其中第一个刻有皇室管家的文字。

希腊

虽然荷马的笔下没有提到过戒指，但有考古证明，可旋转的硬石圣甲虫戒指曾经一度在希腊语地区流行，直到后来被光滑的弧面宝石所取代，但依然会在宝石平整的底部刻上自然主义图案。随后，大约公元前600年，印章戒指出现固定的金属戒面，由黄金、银（图10）、铜制作而成。它们同样刻着自然的图案，主要是动物题材，以及一些微型人物图案，这些人物图案的原形取材于公元前5世纪艺术审美巅峰时期的希腊雕塑和绘画杰作。而那些经典的叶片形戒面（图11）开始渐渐变宽，直到最终几乎呈现为圆形。

属于祖克家族收藏中的两枚戒指很好地体现出希腊文学和历史中的人物。传说中，远古时期的发明家和艺术家代达罗斯（Daedalus）和儿子伊卡洛斯（Icarus）一起被克里特岛的米诺斯国王所囚禁，之后代达罗斯创造出人造翅膀，父子俩才得以逃脱（图12）。代达罗斯安全到达了西西里岛，而伊卡洛斯则由于飞得太高导致翅膀上的蜡被太阳融化，跌入爱琴海溺水而亡。另一枚戒指则描述的是荷马史诗奥德赛中的一个场景，主人公奥德修斯（Odysseus）在离家20年后回到伊萨卡的家中，被他忠实的狗阿尔戈斯认出来（图13）。

整个希腊化时期，从约公元前331年亚历山大大帝的征服开始，一直到公元前27年奥古斯都建立罗马帝国。印章戒指还会镶嵌彩色的贵宝石和半宝石，以及传统的硬石——红玉髓、玛瑙、肉红玉髓等。由于最好的艺术家都是受雇于宫廷，最好的印章戒指自然也都与亚历山大庞大帝国分解后的各个国家统治者相关。虽然亚历山大大帝自己那枚由皮戈特勒斯（Pyrgoteles）雕刻的祖母绿肖像印章戒指已经无迹可寻，但从一枚可旋转的石榴石凹雕戒指上，我们还是能够依稀唤醒对于那枚传奇戒指品质的憧憬，精美的石榴石凹雕刻画了一幅青年肖像，署名"阿波洛尼厄斯"（APOLLONIOS）可能是这位青年或是雕刻家的名字（图14）。

图10
公元前6世纪，希腊东部的
银戒指，戒指上所刻的图案
和铭文已经无法诠释。

图11
公元前4—公元前3世纪，希
腊铜镀金戒指，戒面上刻有
一名驾着双马战车的车夫。
战车比赛是印章戒指中一个
流行的运动主题。

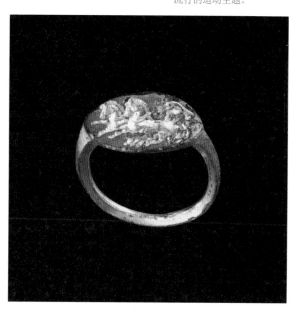

图14

公元前2—公元前1世纪，希腊化时期黄金印章戒指，台面是一枚石榴石凹雕青年肖像，用希腊字母雕刻着阿波罗尼（即阿波洛尼厄斯）——可能是雕刻家或者戒指主人的名字。尽管石榴石的质地非常坚硬，雕刻家还是呈现出了人物的活力和青春魅力。

图12

公元前6世纪，希腊黄金印章戒指，戒面上是一个带翅膀的人，可能是伊卡洛斯或者他的父亲——传奇发明家代达罗斯。他们用蜡将翅膀粘在一起，飞过爱琴海。伊卡洛斯由于飞得过于接近太阳导致蜡融化，最终跌入爱琴海溺亡，谨慎的代达罗斯活了下来。

图13

公元前4世纪，希腊西部银质印章戒指，描绘了荷马史诗《奥德赛》（17章，第291—326行）的场景：离家多年的奥德修斯乔装回到伊萨卡，却被他忠实的老猎犬阿尔戈斯认出来，阿尔戈斯在他脚边蹦蹦跳跳地迎接他。

伊特鲁里亚

公元前6世纪下半叶，圣甲虫戒指从希腊传到了伊特鲁里亚，之后一直在使用，当然也融入一些变化，特别是在公元前4世纪，底部运用了一种叫作"阿格洛波罗"（a globolo）的简单技艺进行雕刻。这种方式使用圆头钻，因此导致作品人像的轮廓模糊（图15）。除此之外，刻着格里芬和狮子的伊特鲁里亚全金属印章戒指也展现出希腊的影响（图16）。

图15
公元前3世纪，伊特鲁里亚黄金戒指。可旋转戒面是一枚红玉髓圣甲虫，底部在绳索图案的边框内，用"阿格洛波罗"技术雕刻了一个半跪的萨梯神，他的右臂放在右臀上。

图16
公元前7世纪晚期到公元前6世纪，伊特鲁里亚黄金戒指。椭圆形戒面上雕刻着互相凝望的格里芬和狮子，它们被细线条边框围住并分隔开。

罗马

　　印章戒指在罗马人的生活中扮演了非常重要的角色。随着罗马的逐渐富裕，共和时期的简朴铁环戒指被金银戒指取代，并镶嵌上各式各样的宝石。最开始只是素面的细长款，随后的罗马印章戒指慢慢变得越来越厚重，戒臂向外凸起。罗马的财富吸引了包括格奈奥斯（Gnaios）在内当时最好的艺术家们前往，他们在宝石上雕刻肖像或者神话故事、历史故事，例如盗取帕拉迪昂神像的故事，讲述的是希腊英雄狄俄墨得斯（Diomedes）在特洛伊神殿上偷偷盗走雅典娜木制雕像。这一幕标志着特洛伊的没落以及这场长期战争的结束，被非常戏剧化地呈现在一枚宝石雕刻的戒指上：狄俄墨得斯跃过祭坛，而背景中的神像转过身去，不愿目睹这一冒犯的行径（图17，图18）。

图17，图18
公元前1世纪到公元1世纪，这枚罗马戒指上的玛瑙凹雕图案描绘了狄俄墨得斯从特洛伊的雅典娜圣殿盗取帕拉迪昂神像的情景。上面有希腊字母签名格奈奥斯"GNAIOS"。格奈奥斯是罗马皇帝奥古斯都的宫廷御用艺术家，巧妙地传达出这一标志着特洛伊战争结束事件的戏剧性。这种简洁的宝石镶嵌设计在18世纪被复兴。

图19
这枚黄金戒指镶嵌一颗被削平的圆筒状牛眼玛瑙，中间雕刻戴着花环的男子肖像。罗马时期，公元3世纪。

罗马皇帝奥古斯都（Augustus）效仿伟大的亚历山大大帝，用自己的肖像制作印章戒指，并由宫廷御用雕刻家迪奥斯哥瑞德斯（Dioscourides）创作完成，此后奥古斯都的继任者们和很多罗马人也都纷纷效仿（图19）。著名的古罗马政治家、哲学家西塞罗（Cicero）就曾经提到伊壁鸠鲁（Epicurus）的追随者们会把他的肖像刻在他们的酒杯和戒指上。被奥古斯都下令驱逐的罗马诗人奥维德（公元前43年出生），也曾在信中告诉一位戴着他的肖像戒指的挚友，"望此物，尤伤怀，路漫漫，不知君身在何处"［摘自《哀怨集》（Tristia）］。还有那枚诗人赠予自己爱人的印章戒指，不知是否也带有他的肖像，因为奥维德曾经用这样的笔触描述过这枚戒指，"欣然开怀，伴她指间，愿此戒如我俩间的温存，千般爱意化作绕指柔……""别忘了用朱唇温润这小小的宝石戒面，再用它去蜡封，那写在信里的情话。"［摘自《恋歌》（Amores）］

图20

公元2—3世纪，镶嵌胜利女神的玛瑙凹雕的罗马银戒指。女神手握皇冠，旁边还有字母Q。由于胜利女神可以护佑军团在战斗中击败敌人，所以这枚戒指很可能属于一位士兵。

图21

这枚公元1世纪的罗马黄金戒指，戒面镶嵌玛瑙凹雕。宝石雕刻一个穿着兽皮的乡下人，站在一棵树前。它可能代表一种愉悦的农家生活，也可能是代表牧羊人福斯图鲁斯。当年正是福斯图鲁斯将双胞胎兄弟罗慕路斯和雷穆斯从狼群中救出并带回帕拉丁山上的家中抚养成人。

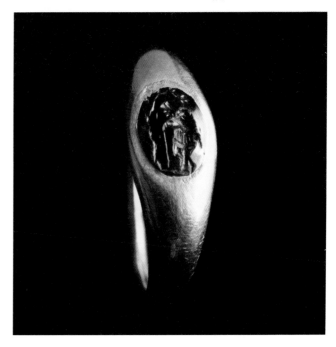

除了那些当代肖像，罗马印章戒指还反映出共和时期和帝国时期的不同生活风貌。杰出的罗马人在他们的印章戒指上雕刻各种各样的图案：尤里乌斯·恺撒（Julius Caesar）在他的戒指上雕刻一身戎装的雅典娜，他声称自己是雅典娜的后裔；米希纳斯（Maecenas）的戒指上雕刻有青蛙；加尔巴（Galba）的戒指上是一只从船头跳出来的狗。有两枚代表军事胜利的戒指，都镶嵌着胜利女神尼姬（Nike）的凹雕。其中一枚是简单的素面银镶（图20），另一枚则非常华丽，有两只猎豹咬住戒面（图22），这很可能是皇帝赐予获胜将军的礼物，非常类似于另一种更常见戒指的变形——带有帝国肖像的钱币戒指。其他的还有一些彰显佩戴者乐趣的戒指，包括饮酒、看戏、运动等。爱情也是戒指创作中一个受欢迎的主题，甚至极端到有的男人会在戒指的凹雕宝石上雕刻自己情妇的裸体，或是性爱场景（详见第二章）。如果戒指图案描绘的是一个乡下人的田园风光（图21），可能不仅仅代表农耕文化，同时还会让人联想到建立罗马的双胞胎兄弟罗慕路斯（Romulus）和雷穆斯（Remus），至于那个乡下人有时会伴随着一只狗或羊，代表着福斯图鲁斯（Faustulus，传说中拯救了兄弟俩），还有一些演绎的版本会加入给罗慕路斯和雷穆斯兄弟喂奶的母狼。普林尼（Pliny）从尼科美底亚寄过一个金块给图拉真，并用自己的戒指封印包裹，印迹是一个四马双轮车的图案，体现出普林尼对于马术的热爱。这位作家还指出"很多人不喜欢用宝石做印章戒面，而直接用黄金进行封印盖章，这是克劳狄斯·恺撒（Claudius Caesar）做皇帝时期的潮流。"（《博物志》第三十三卷）。三枚这种类型的全金属戒指，分别刻着两只小虾（图23），一只海豚（图25），还有犹大的名字"IOUDAS"（图24）。犹大是犹太人中常见的名字，而且戒指出现的年代晚于耶稣的故事很久，所以无论如何这枚戒指都不可能与出卖耶稣基督的门徒加略人犹大有任何关联。有时印章戒指上的铭文也不仅仅局限于戒面，例如，这枚戒面雕刻老鹰的戒指，铭文信息反而是呈现在戒臂上（图26）。

图22
公元3—4世纪的罗马黄金戒指，戒面镶嵌的胜利女神尼科洛凹雕可以追溯到更早些，大约公元1—2世纪。胜利女神手中举着一个花环，肩上靠着棕榈叶，站在一个小球上，戒臂是两只全身像的豹子。

罗马晚期对古典文明的转变并没有中断印章戒指的使用，反而随着人们文化程度越来越低，印章变得比以往任何时期更加重要。这期间，发生变化的是图像。早在公元3世纪时，亚历山大的圣克莱门特（St Clement）就主张反对奢侈和无德，他宣称基督徒唯一可接受的戒指就是印章戒指，这是出于实用目的：女人作为家庭主妇，需要金戒指来密封锁住需要安全存放于家里的东西；而男人只能将印章戒指戴在小指根部，这样它也不会轻易掉下来（可以卡在指关节以下不易脱落）。他建议这些图案应当表达一种对和平和清醒生活的热爱，而不是那些异教的男神女神、酒杯、裸女、胜利的士兵……印章戒指应当带有基督教的元素，比如鱼、锚、船和渔夫。

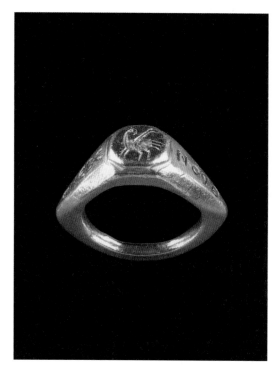

图23
公元2世纪—3世纪早期，罗马黄金戒指上雕刻着两个甲壳纲动物，一只朝左，一只朝右，上面写着字母S和I。甲壳纲动物是地中海地区人们饮食的重要组成部分，和鱼、动物、鸟类一样都是最受喜爱的印章图案。

图24
公元3世纪晚期，罗马黄金戒指，戒面上有希腊字母拼写的名字IOUDAS，镂空指环，戒臂装饰常春藤叶纹饰。

图25
公元2—4世纪，这枚罗马黄金戒指的戒面上刻有一只海豚，戒圈的三层金珠与戒面由较大的小金球相连。由于海豚是海神的象征，所以这个印章戒指很可能也与海神相关。

图26 上图
公元3—4世纪，罗马黄金戒指，戒臂上刻有希腊字母，戒面上雕刻老鹰。由于鹰是宙斯的象征，它也被用在罗马帝国军团的军旗上，所以这枚戒指很可能是一位士兵所有。

拜占庭

羔羊、好的牧羊人、基督的字母组合、圣母和圣徒的形象等这一类主题，在拜占庭时期都得到进一步发展。而由于这一时期宝石凹雕工艺的丧失，图案通常是直接刻在戒指的金属戒面上。这也意味着雕刻内容从人物形象转变为更容易实现的词语和字母，因此最具代表性之一的拜占庭印章戒指莫过于在戒面上将首字母组合环绕在十字架四周（图27，图28）。

这些字母往往很难辨认出来，正如西马库斯（Symmachus，卒于公元395—410年）给他的兄弟弗拉维安（Flavian）的一封信中所指出的那样，他承认刻有自己名字的印章戒指，封印出来的图案比字母更容易辨识。为了迎合当时对于印章戒指的大量需求，金匠们会储备标准化设计的空白戒指，客人一下单便可以立即进行雕刻（图29，图30）。除此之外，在缺乏当时新的雕刻宝石的情况下，公元1世纪前后罗马时期的凹雕宝石偶尔会被重新镶嵌在新的戒指上，只是那些异教徒形象例如羊身的潘神会被放置在基督教或圣经中的铭文之中（图31）。

图29
公元6—7世纪，还没有被雕刻的空白十字戒面黄金戒指，很大可能是来自某个珠宝商的库存。

图30
公元6世纪的圆形空白戒面拜占庭戒指，还未被雕刻，制作之后的成品会和图27、图28类似。

图31
公元12世纪的拜占庭黄金戒指，戒臂雕刻着被椭圆纹饰包围的狮子，正中镶嵌一枚公元1—2世纪罗马时期的尼科洛凹雕，图案是潘神握着他的笛管。戒面侧边用希腊文雕刻着"耶和华是我的亮光，我的拯救。我还怕谁呢？"（旧约-诗篇 27）

图27
公元6—7世纪，拜占庭黄金戒指，戒面十字形式排列的希腊字母组合，名为"西奥多"（Theodore）。

图28
公元6—7世纪，拜占庭黄金戒指，戒面十字形式排列的希腊字母组合，名为"约翰"（John）。

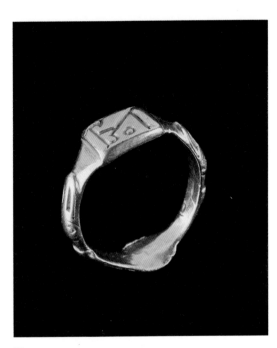

图32
公元6—7世纪，墨洛温王朝黄金戒指。椭圆形浮雕装饰的指环，动物头饰的戒臂连接着刻有字母的双戒面，其中一个如图所示刻着字母LBOV，底部另外一面用罗马大写字母刻着PAX（和平）。

黑暗年代

民族大迁徙时期的盎格鲁-撒克逊人和法兰克人也会在印章戒指上雕刻字母（图32，图33），即使在那样动荡的年代，也能不时出现一些工艺高超的杰作。在法兰克国王希尔德利克（Childeric，公元457—481年）用来封印信件的精美印章戒指上，不光有他的半身像，还环绕雕刻了他的名字；约公元670年巴黎大主教阿吉尔伯特（Agilbert）的印章戒指上镶嵌一枚玛瑙，凹雕着圣杰瑞米在十字架前祷告的场景。在英国，一枚金属戒面的印章戒指和阿尔弗雷德大帝（Alfred the Great）统治时期的钱币一起被发现，这枚戒指的戒面上雕刻着一个大胡子男人半身像以及文字"AUFRET"，展示出公元9世纪最好的雕刻工艺。同时期，不容错过的还有一枚银镀金的戒指，上面结合了奥斯里克（Osric）的头像和基督教的祝福语"愿你与上帝同在"（图34），而所有这一切都表明，罗马的肖像传统并没有完全在黑暗时期消失殆尽。

图34
公元6世纪的一枚墨洛温时期镀金戒指，戒面上雕刻着长头发的男人头像，周围环绕着铭文"奥斯里克，愿你与上帝同在"，这句罗马基督教早期的祝福语至今依然清晰可见。

图33
公元5—6世纪，这枚镀金的墨洛温王朝戒指上刻着字母组合STAED。

中世纪

让·德·乔尼维尔（Jean de Joinville）关于第七次十字军东征（公元1270年）的记述中将中世纪印章戒指的使用目的表达得十分清楚。当时的一位穆斯林领袖派遣使者去面见法国国王路易九世，让·德·乔尼维尔写道："'山中老人'（阿萨辛派创始人的别称）给了使者一枚纯金打造的精美戒指，上面雕刻着'山中老人'的名字，并强调说这正是那枚他用来封印与国王盟约的戒指，从此之后，双方结成联盟同心同德。"此外，一枚红宝石印章戒指曾出现在14世纪英国大文豪乔叟（Chaucer）的文学作品中，他笔下的人物特洛伊罗斯（Troilus）把这枚戒指封印用在写给爱人克丽西达（Criseyde）的书信上。作家没有具体形容这个印章图案，但是从文中我们却能感受到，特洛伊罗斯正如同前文提到的诗人奥维德一样，这封信里充满了浓情蜜意（《特洛伊罗斯与克丽西达》）：

吾心跃然在纸上，宝石蜡封真情愫，

千言道不尽相思，轻吻信笺传祝福。

带有个人身份识别图案的印章戒指，是非常私密的物件，也是人们用来鉴定信件真伪的一种方式。

从12世纪开始，古罗马时期的雕刻宝石，逐渐被当代创作的凹雕宝石所替代。这种宝石雕刻艺术的复兴，从腓特烈二世（公元1205—1250年）一直持续到14世纪的法国，并在意大利文艺复兴时期达到鼎盛。最早的中世纪印章戒指，会在凹雕宝石的戒面边框上刻上主人的名字，或是一句名言，例如拉丁铭文"阅读所写的，隐藏所读的（即看后勿说）"，明确表示印章是密封信件所用，内容绝对机密。然而，并非所有的铭文都能轻易被破译，例如1760年在约克郡发现的这枚13世纪黄金戒指（图36），戒面镶嵌红玉髓，凹雕的是狄俄斯库里（Dioscuri）两兄弟之一的形象，而宝石周围环绕的文字至今仍旧未能被解读。这块凹雕宝石大约是罗马侵占大不列颠时期的作品，当时军队相信正是与罗马关系匪浅的双子星狄俄斯库里兄弟——卡斯托尔（Castor）和波吕克斯（Pollux），带领他们取得了胜利。

图35

14世纪晚期—15世纪早期，很可能是来自葡萄牙的一枚黄金戒指。这枚戒指很明确地表明它是主人的印章：中心的盾形纹饰被伦巴第字母铭文环绕 "S PETRI MOZARICO" ——意思是彼得·莫扎里克（Peter Mozarico）的印章。宽而扁平的指圈用乌银镶嵌工艺做出V形图案，造型优美的石榴和叶状装饰，戒臂衔接处是扭头回探的龙。

图36

公元1世纪的罗马红玉髓凹雕，描绘狄俄斯库里（Dioscuri）两兄弟之一，很可能是卡斯托尔（Castor），正站在他的战马旁。这枚凹雕宝石被镶嵌在13世纪的黄金戒指上，外框雕刻一圈神秘的伦巴第字母铭文，至今仍未被破译。

图37，图38
一枚15世纪晚期黄金戒指的双视图。戒面正中的野猪图案周围环绕着哥特体铭文 S FRENCH；戒面背后用法语雕刻着 HONNEUR ET JOYE，表示渴望来自天堂的祝福和纯洁。戒臂雕刻着阳光照耀下的花卉，曾经覆盖着珐琅。由于英国国王理查三世的徽章标志就是野猪，因此这枚戒指被认为与他有关。

中世纪印章戒指最主要的创新，在于纹章主题的运用。最早其实是意大利人将盾形纹章、徽章、饰章等雕刻在金属戒面上，但是现存下来的杰作中大部分印章戒指却是从欧洲其他地方发现的，通常是在15世纪之后，被人们佩戴在大拇指或食指上。这个时期的设计已经开始变得越来越精巧，连戒臂都被雕刻上花卉并装饰亮色的珐琅。其中一件备受瞩目的作品是近期在威尔士发现的，重达47.97克，圆形戒面上雕刻着一只在花丛中穿行的狮子，环绕着哥特体铭文"对您效忠"，狮子两侧各写着字母W和A，很可能是属于当时居住在雷戈兰城堡、管辖威尔士的赫尔伯特爵士（Lord Herbert）麾下的某位高级官员。另外一枚厚重的黄金印章戒指，戒面雕刻一只白色野猪纹章（图37，图38），这肯定是与约克王朝最后一位君王——理查三世（在位时间1483—1485年）有关，他将野猪作为自己的徽章，并下令制作几千枚戒指在他的加冕日和他儿子的授爵仪式上赏赐给他的追随者们。理查三世也因此而被诟病讽刺，1494年威廉·柯林伯恩（William Collingbourne）在圣保罗大教堂门上留下的一首韵脚诗中，便嘲弄地将理查三世比作是猪。

猫啊，鼠啊，洛弗尔狗，

统管着英格兰跟着猪走。

（韵脚诗中暗喻威廉·卡茨比，理查德·拉特克里夫爵士和洛弗尔子爵在理查三世的统治下管理着英格兰。）这枚戒指在博斯沃思战役发生地附近被发现，很可能属于理查三世的一位威尔士支持者。

另外一个创新是贴箔的水晶凹雕印章戒指，将主人的盾形纹章用明亮的色彩画在水晶凹雕下面。这样一来在用热蜡进行印压的时候，图案就不会褪色。最早记录在案的例子属于1419年遇刺身亡的法国摄政王勃艮第公爵——无畏的约翰（Jean sans Peur）。在祖克收藏系列中也有一枚属于这种类型的15世纪精美戒指，但很不幸的是由于潮气导致颜色模糊，无法辨认（图39）。

那些不具备使用徽章资格的人，会选择别的图案用于印章戒指。从14世纪到17世纪，商人会使用雕刻有简单符号的印章戒指去标记自己的货品，以便即使不识字的人也能轻易辨别。在英国，这些图案看上去会类似桅杆头或风向标，围绕着一根直立的主干，倒V、双X或者W形底座，有时上面会有十字架、倒着的$符号、飘带或是这一系列元素的组合等（图40）。这些都是中世纪的人们生活中最为熟悉的部分。英语诗歌作品《农夫皮尔斯》（*Piers Plowman*）中提到这一类图案被放在盾形框中，和贵族、骑士以及乡绅们的纹章图样一起出现在教堂的彩色玻璃花窗上。商人的图案标志在15世纪和16世纪非

图39

15世纪早期的黄金戒指，指圈用伦巴第字母雕刻着铭文"万福玛利亚，生命无罪，为我们祈祷"，戒面镶嵌着一颗贴箔的水晶凹雕，盾形徽章上有首写字母GH。

常常见，但随着文化水平的提高，这些图案慢慢被遗弃。这一类戒指通常很难进行推断，以至于大多数作品至今仍然无法追溯出主人身份（图45，图46）。

还有一些印章戒指，材质常常是铜镀金，雕刻着表示工具的符号，例如砖石匠的锤子、裁缝的剪刀，偶尔还会署名。另外一些则是彰显主人的某些生活爱好，例如猎人的号角象征着热爱运动，船象征旅行家，或者是象征节俭美德的松鼠。15世纪最常见的印章戒指都是铜制的，通常会镀金，戒面上雕刻字母缩写，来自主人受洗时所取的名字，戒指顶部或者侧面会装饰棕榈枝。正如大卫·辛顿（David Hinton）近来指出，这些保存下来的中世纪戒指的数量和不同种类不仅仅展示出它们在商业和官方目的上的使用，同时还体现了当时私人信件沟通的增加，例如诺福克的帕斯顿家族出现的那些戒指。

图40

一件15世纪铜制品上面的图案，这件铜器之前存放在位于诺福克郡国王林恩镇的圣尼古拉斯教堂，用于纪念市长托马斯·瓦特德恩和他的妻子爱丽丝。图案上盾形框中的家族标志显示出他的商人身份，拉丁铭文的意思是"真正的快乐在哪里，我们的心就在哪里。为托马斯·瓦特德恩和他的妻子爱丽丝的灵魂祈祷，愿上帝慈悲保佑他们的灵魂"。

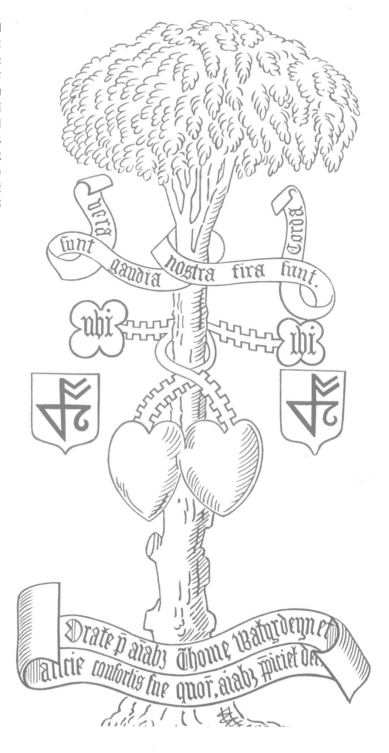

文艺复兴

所有之前的主题都在文艺复兴时期的印章戒指上再度出现。那些戒指镶嵌由罗马、伦敦和巴黎的艺术工匠们最新创作的凹雕宝石，有些图案可能是统治者例如英格兰的亨利八世或者西班牙的菲利普二世，但出现最多的还是罗马皇帝们的肖像，这是一种权威的象征。帝国肖像和其他蕴含古代文明意义的宝石被热烈追捧（图41），尤其是那些对古罗马历史的浓厚兴趣远远高于本国历史的人，例如法国思想家蒙田（Montaigne），他曾经写道：我对罗马的了解远比我自己家里的事情要早得多。在我知道卢浮宫之前，我就已经知道了市政广场以及它的平面图。我了解台伯河比塞纳河更早，我对卢库鲁斯、梅特鲁斯、西庇欧的生活和命运比我同时代的人要更加熟悉……我喜欢去回忆他们的面容，他们的行动方式，他们的衣着，总是念念不忘这些伟大的名字。

近期在萨默塞特郡新出土一枚这样的戒指，戒面镶嵌公元1世纪的红玉髓凹雕，宝石上雕刻着一组四只公牛的队伍，这是罗马时期宝石雕刻中典型的农业和乡村生活题材。不论是古代还是当代的雕刻宝石，它们的稀缺性和价值往往都会通过戒托镶嵌凸显出来，通常是用非常高水平的雕刻和珐琅进行装饰。

图41
公元16世纪的黄金戒指镶嵌
同时期的红玉髓凹雕宝石，
宝石上雕刻着一个大胡子罗
马人的侧面半身像，以及带
有褶皱的领口。

图42
公元16世纪晚期的一枚英国
黄金印章戒指。这枚戒指上
的纹章由三条横杠和一只奔
跑的灰狗组成，因此断定出
它属于约克郡北部斯基普威
斯地区的威廉·斯基普威斯
（William Skipwith）。

当然还有大量其他的印章戒指，纹章被雕刻在金属戒面（图42）、宝石，或是贴箔的水晶凹雕上（图44），但是那些戒托，虽然比例均衡但通常都只是制作成素面，显示出它们的实用目的。这在第一代科克伯爵罗伯特·博伊尔（Robert Boyle）的戒指上充分体现出来（图43），1588年罗伯特·博伊尔作为一个身无分文的年轻律师从英格兰来到爱尔兰，唯有手指上的这枚戒指可以证明他的绅士身份，之后他凭借自己的剑和智慧在爱尔兰发家致富。他的后人，德文郡公爵们，将这枚戒指很好地保存下来作为家族荣耀与成就的象征——这也是莎士比亚常常用到的习俗，福斯塔夫（Falstaff）抱怨过"我弄丢了祖父的一枚价值40马克的印章戒指"（摘自《亨利四世》第三幕第三场）。

图43
16世纪英国黄金戒指，戒面镶嵌贴箔的水晶凹雕，上面有博伊尔的纹章，戒面背后雕刻了文字"博伊尔1588"。罗伯特·博伊尔，1566年出生，1588年抵达爱尔兰，白手起家创造财富，1620年成为第一代科克伯爵。

图44
这枚16世纪黄金戒指的戒面镶嵌贴箔水晶凹雕，上面雕刻的盾形纹章图案一半黑一半白，还有一只羊面朝右边，上方是一顶羽毛头盔和一名手持牧羊人手杖的男子，伴有字母缩写WH。

图45
这枚16世纪黄金戒指很可能
来自德国。精美的戒臂装饰
有凸起的涡卷纹，抬高的
戒面上方雕刻着商人的标
志——戒指的主人以此来标
记他对货物和财产的所有
权，以及首写字母WG。

图46
一枚轻巧简单地雕刻着商人
标志的16世纪黄金印章戒指。

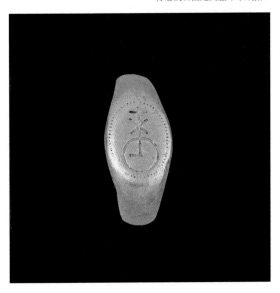

这种对于祖传遗物的崇敬之情非常普遍，还有一个典型的例子来自波兰国王及特兰西瓦尼亚王子斯蒂芬·巴斯利（Stephen Bathory, 1533—1586年）的遗赠。在1577年大败土耳其人之后他将自己的纹章刻成一枚印章戒指，并在1603年临终时将这枚戒指留给儿子小斯蒂芬·巴斯利，小斯蒂芬后来又将它传给自己的儿子加布里埃尔（Gabriel）——未来的特兰西瓦尼亚王子。小斯蒂芬后来承认说自己从未佩戴过这枚戒指，因为觉得自己不配，但是他希望加布里埃尔和他的后人们可以有资格佩戴这枚戒指。

对家族关系和血统的自豪也体现在血石的纹章雕刻上，正如1532年佛罗丽蒙·罗贝特（Florimond Robertet）——法国国王弗朗索瓦一世的司库大臣的遗孀在遗嘱中写道，"罗贝特家族的武力和姻亲都描绘在了这颗石头上，没有什么比这块精美的血石更能体现家族血缘关系了。"

带有行会或商品标志的印章戒指大部分都是素面和功能型的，更适于在商业活动中使用（图45，图46）。然而，带有姓名首字母的印章戒指却变得越来越精美，两个字母用绳结编织在一起，或是用一个装饰着勿忘我花朵的流苏结相连（图48）。这两个字母可能分别代表着主人的受洗教名和家族姓氏。例如这幅肖像画，画中人的左手食指上佩戴着一枚厚重的黄金印章戒指，戒指上刻着首写字母GP，代表伽马里耶·派伊（Gamaliell Pye，卒于1596年），他是当时伦敦屠宰公司的高级执事（图47）。除此之外，还有一些字母缩写可能属于一对新婚伴侣，例如这枚1565年玛丽·斯图亚特（Mary Stuart）结婚时送给达恩利勋爵（Lord Darnley）的戒指，上面雕刻着字母H和M，分别代表亨利和玛丽，字母被绳结图案连在一起。偶尔也会出现多字母组合的情况，例如RMGBOD（图49），可能包括主人的头衔以及他和伴侣的名字。有时还会出现徽章、商人标志或者字母缩写与另一种徽章组合在一起，然后在旋转戒面的底面刻上象征爱或死亡警示的符号。英国的肯特郡林德镇在千禧年出土发现了一枚这样的戒指，雕刻有精美的盾形纹章以及保存状态良好的黑白珐琅骷髅图案。

ÆTATIS SVA 81 ANO DNI 159

图48
大约制作于16世纪，素金指圈的拇指戒指。戒面雕刻的字母TM中间由流苏结连接。由于字母都是反过来雕刻的，所以戒指主人的名字缩写应该是MT。

图47对页
被认为是伽马里耶·派伊的肖像画，1596年。画中他左手食指戴着一枚雕刻着首写字母GP的印章戒指。伽马里耶·派伊是一位伦敦居民，1548年加入极富声誉的伦敦屠宰公司，曾经五次担任公司执事，于1596年去世。

图49
16世纪晚期黄金戒指，戒圈装饰黑色珐琅。戒面上较大的首写字母RM周围还刻着四个小一些的字母，分别是：上方的G，下方的B，右侧的I，左侧的M，左侧的OD与M的最后一笔相连。这个多重花押的印章应该包括了主人的头衔以及姓名缩写。

图50
这枚16世纪晚期或者17世纪早期的戒指，指圈和戒面侧边都用黑色珐琅装饰。戒臂上可以看到站在头盔上的维纳斯，她的围巾翻飞着如同一道帆。戒面是贴箔的水晶凹雕，图案是盾形纹章和首写字母HE。

17世纪

这枚精美绝伦的印章戒指（图50）大约制作于16世纪与17世纪相交之际，戒面镶嵌雕刻有盾形纹章的贴箔水晶凹雕，其中一侧的戒臂上雕刻着站在头盔上的维纳斯造型，推测可能是希望爱神可以眷顾戒指主人所有的努力与尝试。另外一枚是近期在斯塔福德郡发现的戒指，金属戒面上雕刻着正在梳头的美人鱼，戒臂上同样也是女性形象的浮雕，最初都覆盖着蓝、白和半透明的绿珐琅。进入17世纪后，印章戒指被带有手柄的印章夺去风采，这种印章可以用一条链子和表一起悬挂在腰间。虽然带徽章的印章戒指越来越罕见（图51），但是那些镶嵌有古典题材凹雕宝石、精工制作的印章戒指还是颇受欢迎，例如文艺复兴以及巴洛克时期时常出现在雕塑和绘画中的英雄形象——伟大英勇的大力神赫拉克勒斯（图52，图53）。这件大力神凹雕宝石的戒托被新式的17世纪珐琅工艺装饰，不透明的白色珐琅搭配黑色，淡蓝色细节，完全可以媲美齐普赛珍品（Cheapside Hoard）的那些纹饰。

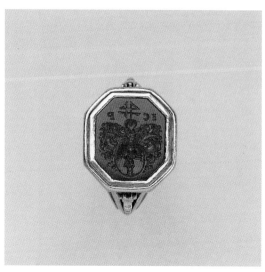

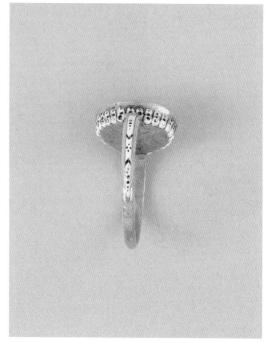

图51
镶嵌着红玉髓凹雕的17世纪黄金戒指，凹雕图案是一位自治市镇议员的徽章（穿短外套的男人，竖直向上的剑，剑顶部有两颗心），上部还有一个商人标志和字母缩写IC P。

图52，图53
17世纪黄金戒指的双视图。指圈，戒臂，以及戒面拱起的侧边统统装饰着珐琅。戒面镶嵌16世纪红色碧玉凹雕，图案是裹着狮皮的年轻大力神赫拉克勒斯的头像。

图54
约克郡希思别墅内的约翰·史密斯肖像画（John Smyth，1784—1811年），右手小指上展示着他的印章戒指。这枚镶嵌凹雕宝石的戒指显示出画中人对于古典艺术的兴趣，而正是这种兴趣引领他于1775年入选了迪乐坦蒂（Dilettanti）学会。很明显在那以前他已经旅行去过罗马，因为1773年的他已经坐在意大利画师庞普奥·巴通尼（Pompeo Batoni）的面前完成了这幅肖像画。

图55，图56
第二代德文郡公爵（Duke of Devonshire，1672—1729年）的印章戒指双视图。他是一位雕刻宝石的鉴赏家和收藏家。这枚萨宾娜女王的海蓝宝石凹雕创作于16世纪，之后被镶嵌在这枚18世纪早期的黄金戒指上，镂空的指环装饰着蓝色珐琅，戒面背后是皇冠和公爵的花押。

18 世纪

接下来的这一时期，印章戒指迎来新生。诸多贵族要员如法国的奥尔良大公和英国的德文郡公爵等都收藏了大量的古代和文艺复兴时期的雕刻宝石，这些宝石不仅仅是局限在展柜中供鉴赏家们讨论研究，还会被佩戴使用。经过精美的雕镂和珐琅底托进行镶嵌的这些雕刻宝石，散发出一种华贵的光芒（图55～图60）。而这样的戒托现在已经越来越少见。18世纪人们对于古希腊古罗马文明的兴趣催生了以罗马为中心的宝石雕刻学校的诞生。在那里，匠人们以城市里伟大的雕塑、建筑以及宫殿、教堂、博物馆中的名画为灵感，创作出微缩版本的宝石雕刻。同古罗马一样，这些雕刻家们也被期望去描绘赞颂当代名人，例如军事和海军英雄、宗教领袖、著名作家、科学家、演员、政治家，以及国王和王后。聪明而博学的斯宾塞伯爵夫人乔治安娜（Georgiana）委托艺术家加文·汉密尔顿（Gavin Hamilton）找到当时最著名的雕刻师之一——乔瓦尼·皮砌勒（Giovanni Pichler，1734—1791年）。1770年5月12日，汉密尔顿在罗马向夫人复命的信中写道：

> 遵照夫人您的命令，我获得了
> 两件由皮砌勒和他儿子创作的

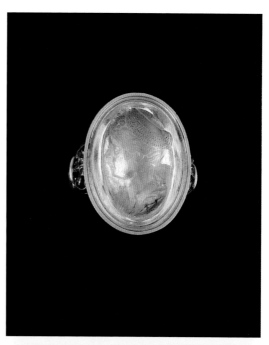

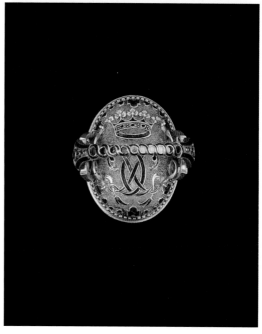

 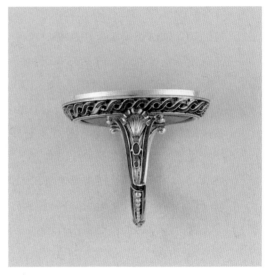

图57，图58
一枚18世纪黄金戒指的双视图。分叉式戒臂装饰
了贝壳，戒面镶嵌着一颗16世纪的玛瑙凹雕，头
像是奥古斯都皇室的一位年轻人。背部采用开放
式镶嵌手法，戒面边框和指环都使用了玑镂珐琅
进行装饰。

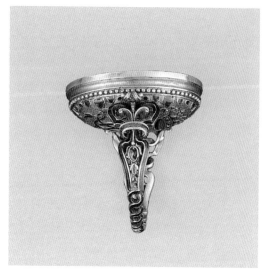

图59，图60

一枚18世纪早期黄金戒指的双视图。绿色珐琅的镂空指环，叶子图案装饰的戒臂，戒面镶嵌着一颗16世纪牛眼玛瑙凹雕宝石。宝石上雕刻的阿波罗手握月桂枝，靠在柱子上。戒面背后是金珠和蓝色珐琅的装饰。

凹雕宝石，一件是披着马拉松牛皮的忒修斯，另外一件是美杜莎，我认为都是从古代作品中沿用下来最令人愉悦的题材。狂欢节之前我将它们交给了一个叫亚历山大·芬尼（Alexander Finny）的人带去英国，他是在亚当先生这里工作的一位年轻雕刻师，他一到英国就会立即给夫人您送去，但我到现在还没有得到关于它们的最新进展。

除了之前提到的美杜莎（图61），斯宾塞伯爵夫人最钟爱的是另一枚印章戒指，镶嵌鹳鸟图案的白玉髓凹雕宝石（图62）。那些与诗人、哲学家、士兵、政治家有亲密关系或者关联的人，通常会选择雕刻宝石作为印章。其中有一个有趣的例子，当年创作《费加罗的婚礼》和《塞维利亚的理发师》的作家博马舍（Beaumarchais）经常卷入诉讼官司，而这位诙谐风趣的作家在打赢官司之后，送给他的律师M. 丹博瑞（M.Dambray）一枚镶嵌著名罗马演说家西塞罗半身像的凹雕宝石印章戒指。

由于只有那些具备古典品位的最富有的特权阶层才能获得古代或后期创作的雕刻宝石，而大家对于它们又是如此地趋之若鹜，化学家詹姆斯·塔斯（James Tassie）研究出一种硬凝膏制作的替代品。他大量生产了不少于15800个古代和当代宝石的复制品，并因此发了财。R. E. 拉斯伯（《吹牛大王的冒险》作者，避难去到爱尔兰）在1791年为这个庞大的系列制作过一本目录，他认为这些"替代品"的成功主要是来自伦敦珠宝商们的大量采购，之后再将它们时髦地镶嵌在戒指、印章、手链、项链以及其他的装饰品上推向市场。这些雕刻宝石和"替代品"最常见的是以椭圆形的戒面镶嵌于罗马风格的素金戒指上。收藏家P. J. 马里特观察并记录下这种极简风格，他形容人们"现在更倾向于不添加任何装饰，更愿意效仿古代戒指，只选用单一金属和最最简单的款式"。当然还有些人仍然需要纹章，例如乔赛尔大公（Duc de Choiseul）在1764年委托自己巴黎的珠宝商艾伯特（Aubert）为其制作了一枚印章戒指，可翻转的戒面上镶嵌一颗雕刻大公盾形纹章的红玉髓凹雕宝石。

图61
斯宾塞伯爵夫人乔治安娜的黄金凹雕宝石戒指，1770年。宝石上雕刻的美杜莎头像面朝右方，这件玛瑙宝石凹雕由著名雕刻家乔瓦尼·皮砌勒制作完成。

图62
斯宾塞伯爵夫人乔治安娜最常戴的一枚18世纪黄金戒指，椭圆形罗马风格戒面上镶嵌一颗鹳鸟图案的白玉髓宝石凹雕。

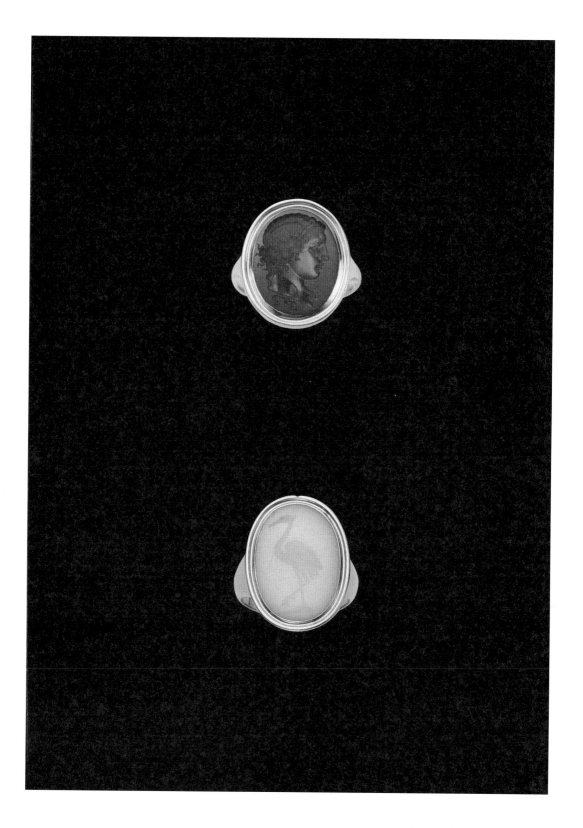

19世纪以后

尽管从1820年开始，人们对于古物的热爱大不如前，但是旅行者们仍然继续购买凹雕宝石制作的印章，例如1842年冬天，意大利的哈丽特·格罗特夫人（Harriet Grote）告诉她的妹妹："这两枚印章戒指是送给尼尔斯和爱德华两兄弟的意大利纪念品，它们是在佩鲁贾附近出土的货真价实的古董凹雕，大约两千年前被古罗马人埋藏在那里。"然而这一时期最新的印章戒指却明显受到浪漫主义的影响。贵族家庭的后人们通过佩戴家族纹章的印章戒指来表达对于家族的自豪感，以及对中世纪和文艺复兴辉煌时代的怀念，第六代德文郡公爵的印章戒指就是这一类型的完美代表（图63）。它的大小其实并不罕见，玛丽亚·卡罗拉·盖尔维（Maria Carola Galway）回忆，小时候在慕尼黑，她注意到年迈的雷西贝格伯爵"在拇指上佩戴着一枚巨大的印章戒指，这是个明智的习惯，因为当需要封印信件的时候你只需要转动拳头然后按压在油蜡上即可"。命运多舛的玛丽·斯图亚特（Mary Stuart）是许多人非常着迷的题材，于是与之相关的物品被再次制作出来，其中包括大英博物馆保存的这枚贴箔水晶凹雕戒指，上面雕刻有她的盾形纹章图案（图64）。1822年，伟大的文艺复兴金匠大师本韦努托·切利尼（Benvenuto Cellini）的自传面世之后，法国出现了戒臂上带有明显雕刻细节的印章戒指，呼应大师过往富于修饰的风格。这些也让我们联想到珠宝商弗朗索瓦-迪塞尔·弗洛-莫里斯（Francois-Desire Froment-Meurice，1802—1855年）和他的儿子埃米勒（Emile，1837—1913年），他们可能是这一对印章戒指的制作者，其中一枚戒臂由一只狮子和三朵玫瑰组成（图65～图68）。

19世纪中叶，由罗马珠宝商福图纳托·皮奥·卡斯特拉尼（Fortunato Pio Castellani）和他的儿子奥古斯托（Augusto）作为先锋引领的古典主义复兴，被模仿者们争相效仿

图63
这枚印章戒指属于第六代德文郡公爵，他于1827年授封嘉德骑士。绿玉髓凹雕宝石上雕刻着公爵名字的字母缩写，周围环绕嘉德勋章，上方装饰公爵王冠。

图64
一颗雕刻着苏格兰玛丽女王荣耀的贴箔水晶凹雕宝石，由一位浪漫的崇拜者镶嵌在黄金戒指上。苏格兰盾形徽章被蓟花勋章环绕，上方是苏格兰传统皇家座右铭 IN DEFENS（保卫），下方是名字缩写MR。

图65 左图

19世纪中期金银混镶戒指，戒面雕刻着盾形徽章，上方装饰贵族小皇冠，周围还有其他造型点缀（1858年以后，俄罗斯、意大利、德国、荷兰和比利时允许男爵使用小皇冠）。除了金属戒面，这枚戒指和图66～图68所展示的另外一枚戒指非常相配。

图66～图68

同图65相配套的另一枚金银混镶戒指三视图。多棱面立体指环被丝带环绕，丝带上雕刻着铭文OMNIBUS DUX HONOR（赐予每个人一位荣耀领袖）。戒臂一侧是一只蹲伏状的狮子，另一侧是三朵玫瑰，戒面镶嵌的紫水晶上雕刻了盾形徽章、贵族小皇冠和座右铭。

（图69，图70）。另一种受欢迎的印章戒指是在宝石或者金属戒面上雕刻佩戴者的姓名缩写，或是他（她）和某位朋友的名（没有姓氏）的首写字母交叠在一起的图案。法国作家马克西姆·杜·坎普（Maxime Du Camp）曾这样描述过："1844年，我经常习惯佩戴一枚文艺复兴风格的戒指，上面镶嵌有萨梯神的卡梅奥。有一天，我将它送给居斯塔夫·福楼拜（Gustave Flaubert），然后他给了我一枚雕刻着我的名字缩写和座右铭的印章戒指。当我们交换戒指的那一刻，就如同一场永不离弃的精神上的婚约。"同样的友谊也存在于艺术家威廉·霍尔曼·亨特（William Holman Hunt）和他的好朋友约翰·埃维瑞特·米莱斯（John Everett Millais）之间，这份友谊同样被一枚戒指所见证，亨特从1854年一直到临终都始终佩戴着这枚戒指。

虽然印章戒指的功能已经被胶粘信封和法律文件使用的个人签名所取代，但是印章戒指依然存在。也因此引发过一个有趣的事件，1871年当法国和德国在凡尔赛签署和平条约时，官方印章不见了，法国总理大臣儒勒·法夫雷（Jules Favre）

图69
这枚考古风格戒指是由罗马卡斯特拉尼家族的众多模仿者之一所制作，戒臂两侧的狮头夹住中间的紫水晶凹雕戒面，戒面上雕刻的猫头鹰和橄榄枝象征着雅典娜女神，这是从雅典古币上获得的图案。卡斯特拉尼家族在19世纪下半叶引领了古罗马黄金工艺的复兴。

图70 右图
这枚19世纪下半叶的黄金戒指上镶嵌红玉髓凹雕宝石，宝石上的头像是伟大的雅典哲学家苏格拉底。考古风格的宽指环使用的是一种古老的金属镂空工艺。

图71 对页
一个珠宝箱，宝盒上方的母狼正在给罗马的建立者罗慕路斯和雷穆斯两兄弟哺乳。1862年，这个珠宝箱由罗马城的人民献给萨沃伊的玛丽亚·匹亚公主（Princess Maria Pia），作为她和葡萄牙国王路易一世的婚礼贺礼。整个珠宝盒由卡斯特拉尼制作完成，作为一套旨在唤醒人们对古罗马帝国公主荣光的珠宝首饰，它包含了考古复兴风格的每一种饰品类别，包括戒指。

图72
19世纪晚期伦敦珠宝公司T·莫林发布的印章戒指产品图录，展示出一些最受欢迎的设计款式。印章戒指已经逐渐成为地位的象征而不是用作封印。

图73 对页
1956年伦敦卡地亚制作的一枚印章戒指。祖母绿的眼睛和黑色珐琅的斑点装饰，两只猎豹相向而立抓住位于中心的一颗弧面蓝宝石，宝石上雕刻着彼得·布兰克先生的徽章，这枚戒指是他送给妻子莫妮卡的新婚礼物。

不得不使用自己的个人印章。然而最为讽刺的是，作为为首的共和党人法夫雷，戒指上镶嵌的却是法国国王路易十六的肖像凹雕宝石，而且这枚戒指还是他为瑙恩多夫家族（Naundorf）担任律师期间（1850—1851年），对方赠予他的纪念品。卡尔·威廉·瑙恩多夫被认为是众多"路易十七"的冒称者中最有说服力的一位。

无论是否使用它作为印章，印章戒指一直都被看作是绅士的标志。欧美珠宝商们发布的商品目录上，展示出一些最受欢迎的设计，包括方形、圆形、盾形戒面，雕刻冠饰，盾形徽章，名字缩写以及字母组合，以及厚重有质感的戒托。美国戒指方面的权威乔治·孔兹博士（George Kunz），在20世纪初期就指出印章戒指依旧会非常流行。这一时期的印章戒指改用铂金制作戒托，对紫水晶、红宝石、祖母绿、海蓝宝、石榴石、碧玉等宝石进行雕刻，当然也继续使用古典传统中的血石、玉髓、玛瑙和青金石。作为纽约蒂芙尼的董事，他的评论至今仍然正确，因为精心设计的印章戒指一如既往地受到不论男士还是女士的欢迎。1956年卡地亚伦敦店接到委托，要为一位女性客户制作印章戒指，这位女士即将嫁给彼得·布兰克先生（Peter Black），于是诞生了这枚杰出的20世纪女性印章戒指。戒臂上的两只黄金猎豹环抱着中间的蓝宝石戒面，宝石上雕刻了精致的徽章图案。这是一个兼具了功能与优雅外观的成功设计（图73）。

Admiranda Rom. Antiquit.

第二章
爱情、婚姻和友情戒指

LOVE, MARRIAGE, AND FRIENDSHIP RINGS

　　本章介绍的戒指虽然没有像印章戒指一样源远流长贯穿我们的历史发展进程，但是作为婚姻的承诺，以及男女之间、父母子女之间、朋友以及各种关系之间情感的信物，戒指在人类生活中的人际交往方面显得尤为重要。戒指上面的符号和铭文可以让我们进一步了解它背后的故事。

希腊

　　戒指最早作为爱的信物出现可以追溯到古希腊，虽然那时赠送结婚戒指的习俗还没有形成，但是已经出现不同类型的爱情戒指。有些装饰着大力神赫拉克勒斯的象征符号或者大力神结的浮雕，暗指新郎在婚后可以宽解新娘衣裳。还有一些描绘了厄洛斯（丘比特），单独或者同母亲爱神阿芙罗狄特（维纳斯）一起。而那些刻画佩内洛普（Penelope）耐心等待丈夫奥德修斯旅途归来的图案，则寓意着妻子对丈夫的忠贞不渝。一枚带有凸起金字"心爱的司米亚（Simmia）"的银戒指，是早期男女之间用戒指传达爱和赞美的一个例证。

罗马

　　如同印章戒指一样，爱情戒指也是罗马人生活非常重要的一部分。诗人奥维德这样描述它："这是环绕在指间的艺术，因满含

图74 对页
纪念婚姻的罗马雕刻，展示一对新人交相紧握的右手，以表明他们对婚姻契约的认同。出自蒙福孔的《古物图解》（Montfaucon, *L'Antiquité expliquée*），巴黎，1722年。

图75 上图
出自皮埃尔·威利奥特的设计，《金匠戒指手册》，1561年。

爱意而珍贵。"（摘自《恋歌》）这种情感也同样启发了另一枚戒指，戒指上的铭文"ACCIPE DULCIS MULTIS ANNIS"意思是"永远接纳的爱"。还有其他短语诸如"亲爱的""甜心"等，或者被雕刻在金属戒面上，或者以凹雕、卡梅奥的形式雕刻在宝石上，然后镶嵌制作成戒指（图76，图77）。根据诗人埃尼乌斯（Ennius）的记载，年轻的罗马人最喜欢的伎俩就是将这样的戒指用牙咬着，然后让年轻的姑娘凑上前去看清戒指上面的内容。神仙情侣马尔斯和维纳斯的形象被运用刻画出来，同样的还有丘比特（图78，图79）也时常被雕刻在宝石或者金属戒面上，他有时是和母亲维纳斯在一起，有时是和朋友嬉戏，还有时正在拉弓瞄准，或者得意洋洋地骑在狮子上以证明爱可以战胜一切力量，抑或手握着象征婚姻的正在燃烧的火炬。罗马人还创造出手捏耳朵的符号图案，搭配铭文"记住我"，因为耳朵在那时被认为是记忆储存的地方。

由于在商业合作上，双方就合同契约达成一致后会有交换戒指的习俗，因此，罗马人称戒指为"annulus pronubus"，也在订婚的时候被给予对方作为一种保证和信物。然而与后期婚戒有所不同的是，这一时期在订婚时使用的戒指并没有双方永久相守的象征意义。根据普林尼的记载，最初这样所谓的"戒指"只是一个铁环，更没有镶嵌宝石，但是到公元2世纪时，所有能够负担得起黄金的人都改用黄金制作戒指了。戒指上带有两只右手紧握在一起的图案，被称作"dextrarum iunctio"（拉丁文：紧握的右手，图80），它代表一对夫妇的誓言。在大英博物馆内一枚公元3世纪的戒指上，浮雕方式制作的夫妇双方呈站立姿势，双手紧握。19世纪的收藏家们将这种戒指称为"以诚相握"（fede）戒指，这一类戒指，同那些铭文戒指一样（图76，图77），在之后漫长的岁月中一直存在于人们的生活里。另一个雕刻有一对男女侧面半身像的戒指（图81），也被认为与婚姻有关。

早期基督教会的权威人士认可将戒指作为婚姻承诺的象征，而这时候的婚姻也已经不再是可以随意解除的世俗契约。双手紧握和夫妇面对面肖像的图案都继续在使用，只是这时会在夫妇的双人半身像中增加一个十字架，而最开始这些肖像都是面对面，后来转变为正面朝前，随后再进一步的基督风格化。

图76 对页
公元3世纪或4世纪的这枚古罗马黄金戒指，突出的长方形戒面上镶嵌着两个尼科洛卡梅奥浮雕宝石，其中一个用希腊语雕刻的铭文意思是"祝你好运"，另一个是一艘船，象征着快乐。

图77
另一枚公元3世纪到4世纪的古罗马黄金戒指，细长的戒面上雕刻希腊铭文"美人之戒指"，寓意接受这枚戒指的人在其心目中是最美丽的女人，就如同帕里斯断定维纳斯是众神中最美的女神一样。

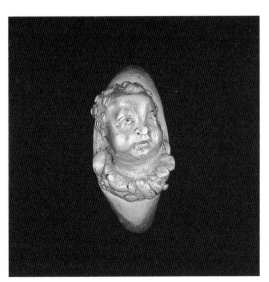
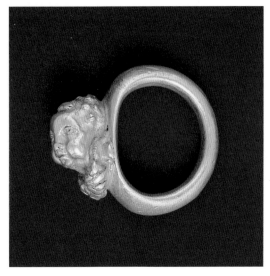

图78，图79

公元1—2世纪带有高浮雕丘
比特头像的罗马黄金戒指双
视图。维纳斯之子，掌管着
奥林匹斯山众神和人间男女
的爱神丘比特，在这里被
描绘成一个胖乎乎的淘气
婴童。

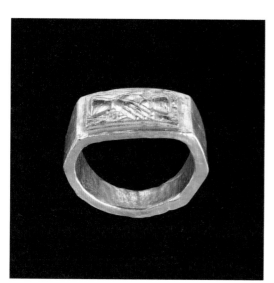

图80
公元3世纪的罗马黄金戒指，戒面是一双右手交相
紧握的浮雕图案。按照我们所了解的双手紧握代
表夫妻誓言的契约意义，这一定是一枚婚戒。

图81
公元1世纪晚期—公元2世纪，这枚罗马戒指镶嵌
的红玉髓凹雕的是一对面对面的男女肖像，带有
这样图案的宝石被认为是婚姻的象征。这枚戒指
是非常罕见的保有原始戒托的案例。

拜占庭

　　拜占庭时期的戒指通常会把新郎新娘的全身像刻画出来（图84），耶稣为他们执行婚礼仪式，将他们的右手握在一起或是将冠冕放在他们头上（图83，图85）。此处这两枚戒指都铭刻有希腊文，新人双手相握的那枚戒指上刻着"誓言"，而另一枚表示基督正在为这对新人加冕的戒指上，戒面刻着"和谐"，表达出新婚夫妇对于未来幸福生活的美好期望，同时在八边形的指圈上还铭刻着"愿主帮助乔治和普拉克拉"，这是在祈祷神保佑他们的婚姻。根据凯瑞·维康（Gary Vikan）的解释，八边形指环、"和谐"的字样以及祈求上帝的帮助都暗指这对夫妇希望可以顺利成功地生育。

图82 上图
最早也是最简单的基督教结婚戒指的一个例子：圆形戒面上雕刻一对男女面朝前方的半身像，中间有一个十字架。拜占庭时期，公元6—7世纪。

图83 下图
这枚戒指的戒面上，基督站在男女之间，举起双手好像在为他们加冕，上面还有希腊铭文"和谐"。指圈上的希腊字母意思是"愿主帮助乔治和普拉克拉"。拜占庭时期，公元6—7世纪。

图84
公元6世纪拜占庭时期简单
的黄金戒指，戒面上描绘基
督正在主持婚礼，新郎新娘
分别站在两侧，这一幕是
在他们进行右手交握仪式
之前。

图85
这枚戒指的戒臂上似乎是一
对鱼头，圆盘状的眼睛用乌
银镶嵌填充，戒面上基督站
在男女之间，将他们的右手
合在一起。戒面上雕刻的希
腊铭文"誓言"象征着基督
教婚姻中的永恒。拜占庭时
期，公元6—7世纪。

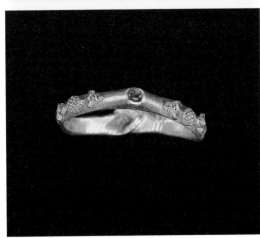

中世纪

　　"以诚相握"戒指在中世纪再度回归。戒面上交握的双手（图86）在英格兰最早出现于12世纪，并在接下来的600年间一直很流行，期间各种不同的艺术风格也都一一适应了下来。有时，如果戒面镶嵌宝石，那么双手的图案会设计在指圈底部（图87）。但是不论它位于何处，通常都象征着婚姻。"Handfast"一词，即"手拉手"，被用来表示婚约，我们在马洛礼（Malory）的书中发现他使用过这个词语，并且在卡克斯顿（Caxton）的书中也出现过。近来，在金属探测仪的帮助下，更多来自15世纪英国的戒指设计被发现。其中一枚戒指上方设计戴着手套相握的双手，然后从底部的心形图案蔓延出的花朵纹饰缠绕了整个戒圈。另一枚同样是戴手套的握手图案，掌心守护着情人结。戒指上雕刻的铭文有时表达的不全是爱情，也可能是宗教信仰。

图86 上图
13世纪早期出现的双手紧握形式的戒指。这个古罗马时期的图案作为忠诚的象征从12世纪开始被再次复兴。这里使用的是较便宜的铜镀金材质，表明这一图案同样被朴实的平民阶层所接受。

图87 下图
公元14世纪黄金戒指，指圈底部是双手紧握的图案，装饰着树叶和浆果，戒面镶嵌一颗祖母绿。虽然手掌出现在次要的位置，但是它们的存在表明这是一枚结婚戒指。

图88
15世纪黄金指圈，卷曲的纹饰中间雕刻着哥特体SAUNS DE PARTAIR，意思是"我的爱永不分离，唯你一人"。由于铭文或箴言也被称作"posies"，来源于法语poésies（诗歌），所以这种戒指也被称为箴言戒指（posy ring）。

图89
黄金指圈用哥特体雕刻TOUT DES EN/UIER. 虽然最后一个词语的意思无法解读，但这句话显然是在表达一种毫无保留的爱。15世纪的箴言都是法语，法语是当时表达爱的通用语言。

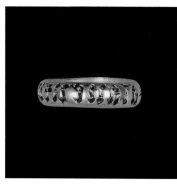

图90
公元15世纪的一枚黄金指圈，雕刻乌银镶嵌的哥特体ALAVENTURE，"奇遇"这个词同样在其他中世纪的箴言戒指上出现过。

图91
这枚黄金戒指的指环上，被间隔成一块一块的平面上雕刻着哥特体CEST MON DECIR（我的愿望），中间穿插的三本翻开的书，上面同样用哥特体写着PO YR EC（意思是"为EC"）。这个15世纪不寻常的设计很好地诠释出爱情与当代文学之间的密切关系。

相比之下，爱情箴言戒指更为常见，正如乔叟在作品《特洛伊罗斯和克瑞西达》中描述的"他们交换彼此的戒指，上面写着不予言说的信息"，一时间仿佛所有戒指的指圈外侧都会刻上只字片语。这些箴言，宛若小诗，用法语居多。几个世纪以来，法语一直是示爱的通用语言（图88～图90）。最初使用伦巴第草写体，之后是15世纪的哥特体。典型的诗句包括"我的心属于你""你拥有我的心""命运希望如此""没有比这更好"以及"为我戴上它"。这些字里行间就如同一座爱的花园，点缀着沐浴在阳光下的珐琅树叶、三色堇或玫瑰。虽然大部分的箴言戒指都是依葫芦画瓢，使用标准的图样和相似的语句，但是偶尔也会出现一些个性化的设计。比如这枚来自兰开夏郡科比镇的戒指（图91），指圈上设计的是三本翻开的书，书页上依次雕刻字母"PO YR EC"，中间以金珠间隔开的平面上雕刻着"CEST MON DECIR（我的愿望）"。推测这一类设计应该是为那些对文学颇有造诣的人准备的，他们不仅认识伦巴第草写体和哥特体，而且精通法语。当然，也有一些使用普通白话的本国语言制作，比如这枚来自意大利14世纪的精美黄金箴言戒指（图92，图93）。

虽然大部分有经济实力的人会在婚礼上使用镶嵌宝石的结婚戒指，但是如果没有雕刻特别的铭文或符号，这些戒指主人的身份依旧很难辨别。大英博物馆保存着一枚14世纪的祖母绿戒指，镂空底托的边框上就只是拼写有代表爱慕的字母组合。

除了面对面的情人肖像和大力神结这些古代复兴的图案，新的主题也在出现，比如眼泪。同样在乔叟的文学作品中，特洛伊罗斯给克瑞西达的一件珠宝上"带着湿润的眼泪……作为对我的纪念"。此外还有1455年奥尔良公爵夫人委托她的金匠吉安·勒桑叶（Jehan Lessayeur）制作的一枚黄金戒指，上面装饰着珐琅眼泪和一句小诗文。这种从爱心流淌出来的泪水和铭文的组合，在一枚1550年前后制作的戒指上，用简化的红色泪水和字母缩写同样得到呈现（图95）。眼泪总是伴随着人生旅途的悲喜，这一主题早在莎士比亚的文字中反复出现过："悲伤的心流出了血泪"（《一个冬天的故事》），"快乐的眼泪表露出真心"（《亨利八世》），"眼泪是心灵派来的纯洁的使者"（《维罗纳的两位绅士》）。

图92，图93
一枚14世纪晚期意大利黄金戒指的双视图。戒面两侧装饰着龙，中间镶嵌的公元10世纪弧面蓝宝石上雕刻着阿拉伯文字"ABD AS SALAM IBN AHMAD"，这是曾经的埃及主人的名字。戒臂装饰盾牌，指圈雕刻伦巴第体字母，意思是"为了爱你存在，为了爱我佩戴"。4个世纪后被重新镶嵌的伊斯兰蓝宝石也从侧面展示出宝石悠长而多样化的历史。

另一个新款式是双环戒指"Gimmel ring"（gimmel来源于拉丁文gemellus，双胞胎的意思）。1211年英国的亨利三世从一位巴黎珠宝匠人那里购买珠宝的清单上，就出现过一枚这样的双环戒指，镶嵌一颗红宝石和两颗祖母绿，这枚戒指后来被赠送给吉斯内斯伯爵（Count de Gysnes）。在这里双环戒指是传递友谊的礼物，它同样也可以作为爱情的象征，因为两个紧密贴合的戒面和双环指圈，正好象征着爱人的亲密无间，相伴到老。双环戒指在15世纪变得越来越普及。如今存放在大英博物馆的一枚双环戒指，一半的戒面上雕刻着天使加布里埃尔，下方伴有哥特体铭文DE BON；另一半的戒面上雕刻的是圣母玛利亚，下方铭文CUER。当二者合体时，会呈现天使报喜的画面和完整铭文DE BON CUER（善良的心）。还发生过一件有意思的事情，1800年12月2日，罗伯特·史密斯（Robert Smith）将德文郡发现的一枚双环戒指交给伦敦古玩协会，专家们立刻推断它应该是法国出品。他们对这枚戒指这样描述：看起来我们应当感谢我们高卢邻居的奇思妙想，他们将温柔激情幻化成各式各样符号的技巧始终无人能及，而几乎所有爱情里面可以使用的箴言在他们国家的语言中也都能一一找到。这两个指环，既是自由的也是不可分离的，两者为结合而存在，也因为结合而完整，这恰恰诠释出婚姻状态的微妙。

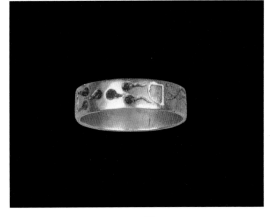

图94 对页
图中的新郎正要给新娘戴上戒指。画作出自格雷戈里九世《十诫》手抄本，该书中确立了教会法规的权威法典，1241年。

图95
黄金指环上装饰着红色珐琅眼泪，字母D和E中间由情人结相连，制作时期是1550年前后。从罗马时代开始眼泪就作为表达柔情的一种方式，因此，这里的名字缩写很可能代表一对恩爱夫妻。

文艺复兴

　　和其他15世纪的戒指一样，文艺复兴时期的双环戒指同样被制作得更加精美，双圈指环和戒臂会使用雕塑感细节进行烘托，两个带有花瓣边的四瓣形戒面被精细的雕镂和珐琅工艺覆盖。有时会镶嵌对比色的宝石，如祖母绿与红宝石、石榴石与绿玉髓，还有时会选用同一颜色的正方形造型。双环上通常会有夫妇的名字以及一段来自圣经的引文，以提醒他们基督教婚姻的不可分离性。而最罕见和最有价值的双环戒指，是这种别有洞天的设计，在宝石下方的洞穴中，分别刻画了婴孩和骷髅的形象，象征着生命的开始和结束（图97，图98）。这些死亡象征珠宝与圣经中对于凡俗生活都是虚空的警示有关："世间万物，我们注定生不带来，死不带去"（《提摩太前书》6：7和《约伯记》1：21）。还有一些设计会在戒面上使用紧握的双手取代一对宝石。这两种类型一直延续到17世纪。双环戒指后来还进一步发展成为三环，如罗伯特·赫里克（Robert Herrick）在《西方乐土》（*Hesperides*，1648年）中写道：

> 你给以我一个真爱结，
>
> 但我回赠你的三环戒指，
>
> 意味着我的爱有着多于你三倍的羁绊。

图96
一对弗拉芒夫妇互相凝视着对方，男人正在把戒指戴在女人的食指上（参考图425，布伦齐诺为托莱多的埃莉诺绘制的画像中，同样是在食指上佩戴结婚戒指）。卢卡斯·凡·莱登（Lucas van Leyden）画作《婚约》中的细节，16世纪早期。

1597年劳因根的帕拉廷·弗里德里希伯爵（Count Palatine Friedrich）去世时陪葬品中就包括一枚这样的三环爱情戒指，黑白珐琅制作的三个指环，上方是代表忠诚的标志性以诚相握图案。还有一种三环戒指设计得更加巧妙，最外侧的两个指环上各有一只手，中间指环上装饰两颗心，当三环合并在一起时，外侧的两只手刚好紧握在一起，同时也将两颗心握在了手中。更多的指环意味着合在一起可以留出空间给较长的诗句，例如1560年凯瑟琳·格雷夫人（Lady Catherine Grey）展示给调查委员会看的那枚婚戒，就是由五个指环组成，其中四个的内圈铭刻着赫特福德勋爵（Lord Hertford）的名句：

> 五环相连精工自现
>
> 浑然天成聚合指环
>
> 以诚相握心意合一
>
> 冥冥之中神力凝结
>
> 牢不可破坚不可摧
>
> 天荒地老神不可灭
>
> 桑海沧田时光荏苒
>
> 铭文印证不必多言

箴言戒指上的铭文开始越来越多采用罗马字母书写，并且将位置转移到更加隐蔽的指环内侧（图99）。约翰·雷利（John Lyly）在《尤弗伊斯》中写道：那些在你"戒指上的箴言"是非常私密的，所以要隐藏起来，它们"总是贴着手指，牵手之人不可见，个中深意自感知。"这些箴言戒指往往表达着很浓烈的情感。在莎士比亚的《威尼斯商人》中，当尼莉莎发现葛

图97，图98 上图和对页
黄金双环戒指的双视图。两个指圈都雕刻有拉丁文，意思是"上帝将之结合永不分离"，戒臂上的手握着红心，戒面分别是红宝石和钻石，指环的内侧雕刻着"JACOB SIGMUND VON DER SACHSEN.MARTHA WURMIN。"戒面下方的洞穴内分别藏着婴孩和骷髅，提醒着人们世间万物的虚无。德国，大约制作于1631年。

莱西安诺并没有把她送给他的刻有"爱我，不要离开我"的戒指带在身上时，大发雷霆：

> 你觉得这个戒指有什么意义？

> 当我把它给你的时候，你对我发誓，

> 你会戴着它直到死去，

> 它会和你一起躺在坟墓里⋯⋯

虽然尼莉莎的戒指只是一件爱情的信物，但有证据表明，箴言戒指也会用于婚礼，正如罗伯特·赫里克（Robert Herrick）在《西方乐土》（Hesprerides，1648年）中询问"我们的结婚戒指上是什么箴言呢？"。来自萨摩塞特郡莱特卡里庄园，风趣的系谱学家托马斯·莱特（Thomas Lyte，1568—1638年）为自己的两次婚姻分别创作过个性十足的箴言，将他和她们的名字巧妙地融入其中。这种表达爱意的双关语做法一定让他的新娘们非常着迷和开心。

哥特体铭文"HARBOR THE HARMLES HERT"（庇护吾爱远离伤害）和流行的以诚相握图案结合在一起（图100），这在莎士比亚作品《暴风雨》中也有体现，当费迪南多说"这是我的手"，米兰达回答"还有我的手和我的心"。法国金匠皮埃尔·威利奥特（Pierre Woeiriot）在他出版的《金匠戒指手册》（1561年）中诠释过两枚这种类型的以诚相握戒指：一枚是两只手通过大拇指紧扣在一起；另外一枚是一只手放在另一只手里，如摇篮一般托住；两枚的戒臂都装饰着赫姆柱支撑的立体涡卷纹（图102）。在匈牙利还出现过一种不常见的变形款，两只手握着两个交错的指环，上面是黑白珐琅制

size of the original.

Ring given by Mary Queen of Scots to one of the Ancestors of the Mansfield family, vide his letter. This drawing was presented to the Society by the late Earl Nov.ʳ 15. 1810.

图99 对页上图
在这枚曾经覆盖白色珐琅的棋盘格黄金指环内侧，雕刻着罗马字母，意思是"我给你这个是为了爱"。这一时期的箴言，隐藏在指圈内部，出现很多朴实的白话文。苏格兰，16世纪。

图100 对页下图
这枚16世纪英国戒指的内侧用哥特体写着HARBOR THE HARMLES HERT（庇护吾爱远离伤害）。戒面上双手捧着一颗心，进一步强化箴言的含义。

图101 右图
红宝石珐琅戒指的四视图，内藏心和交相紧握的右手，这枚戒指是苏格兰玛丽女王送给她忠诚的朋友——曼斯菲尔德伯爵先辈的礼物。水彩画，1810年。

图102

右手紧握图案的戒指设计图，出自法国金匠皮埃尔·威利奥特的《金匠戒指手册》（1561年）。一只手放在另一只手里，如摇篮一般托住；或是两只手通过大拇指紧扣在一起。雕塑一般的细节和玛丽女王的红宝石戒指类似（图101）。

作的加冕字母S和B，字母S在上方，字母B在下方。

斑鸠作为爱情主题出现在其他形式的珠宝上，以及霍尔拜因的设计中，但它似乎并没有被应用于戒指。相比之下，带着弓箭和箭筒的丘比特会出现得更多（图103），这也反映出他在文学作品中的显著地位。阿里奥斯托（Ariosto）在《疯狂的奥兰多》中就曾列举过用来描述田园诗歌般爱的摇篮：在松树和月桂树的树梢上，在高大的榉木和浓密的冷杉树间，小爱神丘比特们快乐地飞来飞去。有些正在对自己的胜利洋洋得意，有些在小心翼翼地拉弓射箭，还有些正在专心撒网……

拥有忠诚品性的狗也被作为爱情戒指的符号象征（图104），在另一个极具戏剧化的例子中，戒指上的狗爪下还抓着一个头骨，这被认为是《启示录》中的一句意大利格言的注解——"我将至死忠诚于你"。

其他16世纪的爱情戒指也可以通过心形图案进行识别，尽管它可能表示的是神圣圣洁的爱而非世俗的爱情；以及受伤的牡鹿吞食白藓的图案，白藓在这里被认为是可以治愈爱情伤痛的草药。勿忘我花也是非常受喜爱的，通常伴随着英文缩写FMN，或者德文缩写VMN（Vergiss Mein Nicht），都是"勿忘我"意思的缩写。

图103
1500年前后制作于意大利的
一枚黄金和乌银镶嵌戒指。
指圈被分成六个小圆面，每
个圆面上都有丘比特在玩耍
的小插图，椭圆形的戒面上
是一对牵手的爱人。虽然一
对情侣的图案在大型珠宝上
经常见到，但在戒指上却是
非常罕见。

图104
这枚16世纪的黄金戒指，一
只狗站在绿珐琅制作的圆形
草地上，戒臂之间有饰带和
台面切工的红宝石。作为人
类忠诚的伙伴，狗也被当作
情人之间忠贞的象征。

IAMAIS LA TERRE NA VEV VN SI GLORIEVX MARIAGE

17 世纪

　　一直到近现代，大部分有经济实力的人都会在结婚时选择一枚镶嵌昂贵宝石的戒指，但是除非戒指上雕刻铭文，否则我们很难考证它们曾经是否作为婚戒使用。心形，双手，情人结，双环，这些熟知的爱情符号仍然在使用。珍贵的或半珍贵的宝石，如红宝石或绿松石等，可以被切割成心形镶嵌在指圈上，有时它们就是普通素面的镶嵌，有时也会镶嵌成有翅膀的、燃烧的、加冕的、用手握住的、或被箭射伤的不同形式。其中一个著名的例子是一枚倾斜镶嵌的心形红宝石戒指，这是瑞典的古斯塔夫·阿道夫斯（Gustavus Adolphus）送给他心爱的埃巴·布拉赫（Ebba Brahe，1596—1674年）的定情信物。然而，大多数17世纪的人还是和之前时代一样，结婚时并不富裕，所以只能选择素金或是银镀金的指环，用斜体字雕刻箴言（图108～图111）和夫妇的名字缩写，以及他们结婚的日期。许多珠宝商也都会备好这样的空白戒指，以供客人挑选心仪的箴言进行刻字。英国的遗址最新发现出土了一些带有外国箴言的戒指，例如QUESTO CI FA UNA（这让他们合二为一），SEMPER UNA，以及LA FIDELITE COURONE MA VIE

图105 对页
1660年，法国国王路易十四与西班牙公主玛利亚·特蕾莎的婚礼为两国带来了和平。画中年轻的国王正要把戒指戴在新娘的手上，这枚戒指上钻石的大小和象征意义都很好地体现出这场婚礼对于两大王朝的重要性。

图106 右上图
这枚大约制作于1630年的黄金戒指，双手紧握一颗加冕的心，镶嵌玫瑰切工钻石。这颗"挚爱至诚"的心，由爱慕者的双手呈给他的爱人。

图107 右下图
17世纪晚期的镶嵌玫瑰切工钻石的心形戒面，两侧和冠冕也都装饰着玫瑰切工钻石，为了避免黄色反光，钻石统统是用银做包镶。

（忠贞是我生命的冠冕）。还有一些以白话文来承诺忠诚，如"我们将在忠诚中活着和死去""信任一旦瓦解，宁可去死"；表达求爱的词语"只爱我""一直思念我""愿主保佑你爱我"和"爱你至死不渝"；以及祈祷上帝保佑爱人之间的结合，例如"上帝将我们合二为一""主的意愿不可逆"。当然也有些箴言着实令人费解，例如有指环内侧刻着"女士必须说不"，外侧装饰着半圆边框包裹玫瑰花环的纹饰。虽然大部分的箴言都是引经据典，例如摘自《爱和口才的奥妙》或者是《求爱与赞美的艺术》（伦敦，1658年），但也有一些人喜欢自由发挥，塞缪尔·佩皮斯（Samuel Pepys）就曾经记录过在1660年2月3日，他和家人如何一边烤着羊腿一边给罗杰·佩皮斯的婚礼戒指创作箴言。因为可供创作的戒指面积有限，这些箴言都必须简短，而且内容精炼。

在英格兰共和国期间，清教徒试图废除结婚戒指，因为它与主教和祈祷书中规定的礼制有关，但是民众对结婚戒指的感情依托非常强烈，废除计划最终不了了之。对许多妇女而言，这是她们最宝贵的财富，失去它就如同生活的劫难，她们自会不惜一切代价去捍卫。英国牧师杰瑞米·泰勒（Jeremy Taylor）在《结婚戒指》（1673年）中形象地阐述了它的重要意义："这枚将两颗心绑在一起的永恒之环，就如同天使为守卫天堂而设立的燃烧之剑。"同以前一样，那些有经济实力的人会在结婚时选择镶嵌钻石的戒指，就像塞缪尔·佩皮斯的妻子和摩德纳的玛丽（Mary of Modena）一样。1673年，玛丽在家乡意大利通过代理人的方式嫁给詹姆斯二世，之后在她抵达英国举行的第二次结婚仪式上，有一枚如小手链一般的链条金戒指，上面镶嵌五颗刻面红宝石，玛丽心中一直认为这枚戒指才是凝聚她和丈夫结婚誓言的载体。16世纪皇室和贵族家族之间出于王朝原因而频繁出现的童婚习俗日渐退出历史舞台，然而例外的是，女继承人凯瑟琳·阿普斯利（Catherine Apsley）和艾伦·巴瑟斯特（Allen Bathurst），分别才4岁和8岁就于1692年"过家家般"地结婚了，他们的结婚戒指先由家族保管，直到1704年他们合法结合为夫妻。在那个时期，也还没有规定结婚戒指必须佩戴在哪个手指上，所以婚戒被戴在大拇指上也非个案，1663年塞缪·巴特勒（Samuel Butler）的诗集中写到（《休迪布拉斯》，第三部分，第二章，301—303）：

> 那个作为结婚信物的戒指
>
> 那个不虔诚的新郎将它
>
> 戴在了大拇指上

虽然许多妻子会选择死后带着结婚戒指下葬，但还有一些人会将它们遗赠给后人，得以世代相传。1662年，斯皮克·伦萨尔（Speaker Lenthall）就把妻子的婚戒留给儿子，并让他戴在胳膊上作为纪念。当时将戒指串上黑绳，佩戴在脖子、手臂或是褶皱领子外面，成为一种广为流传的习俗。这意味着即使作为纪念信物的戒指无法佩戴在手指上，仍然可以被带在身边。

图108 对页
17世纪戒指设计图，有交握的手、鸽子和心的图案。

图109 右图
17世纪英国黄金指环，内侧有斜体字铭刻"上帝用爱将我们结合"。铭文中展示出对上帝的祈祷或认为是神圣的天意，这是这一时期箴言戒指的特点。

图110
17世纪英国黄金指环，内侧铭刻着"爱是和睦的结合"，表达出对和谐夫妻生活的希望。

图111
17世纪英国黄金指环，内侧铭刻着"你是我今生唯一的选择/在爱中生死相随合二为一"。这是一个很好的例子，用工整的对句押韵诗表达对彼此忠贞至死不渝的愿望。

18 世纪

虽然17世纪的结婚戒指和爱情戒指都有一种庄严肃穆的特征，但来到18世纪，这种情况就大大改变了（图112）。罗伯特·多兹利（Robert Dodsley）在《玩具店》（1735年）一书中就曾经拿结婚戒指大开玩笑：一位年轻的绅士走进珠宝店想为他人挑选一枚素金戒指，销售人员本能地以为他是在选购结婚戒指，却遭到年轻人的断然否认："不，先生，我非常感谢您，但那是我绝不想触碰的玩具。它是你们店里最危险的商品。人们总是用它来欺骗自己，如同一场闹剧，男女双方迫不及待地想要结合在一起，之后，又恨不得将自己尽快从中解脱出来。"而对于另一些人，结婚戒指，也被称作神圣的戒指，被赋予伟大神秘的含义，例如1789年弗朗切斯科·丰塔尼（Francesco Fontani）为庆祝意大利侯爵文森佐·里卡尔迪（Vincenzo Riccardi）和奥登亚·德尔·维纳西卡（Ortenzia del Vernaccia）的婚礼创作的一首诗：

> 神的力量让缘分的戒指选中了我
> 指引我寻找到值得信赖的真爱
> 那纯洁的心灵
> 那神圣的信仰
> 宝石和黄金凝结着更加宝贵的情感
> 世间姻缘妙不可言
> 个中玄机无人参透

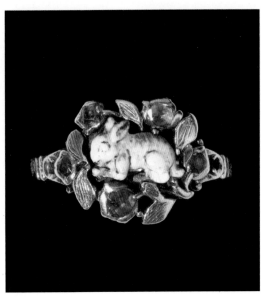

图112
约制作于1740年的一枚金银混镶戒指，戒面是一只珐琅制作的兔子蹲在宝石装饰的叶子中，指圈铭刻着法语"你还害羞么"——想要去取悦接受这枚戒指的女性。

图113 对页
让·弗雷德里克·沙尔（Jean-Frédéric Schall）1788年的画作《被接受的求婚者》，画中描绘一位绅士在女士优雅的内室赠送给她一枚戒指，一只象征忠诚的狗在旁边注视着他们。门口的女仆推开了另一位迟到的求婚者。

对于英国读者来说，1798年的《博物馆女士月刊》建议"永远戴着你的结婚戒指，因为它蕴含超乎你想象的精神力量——如果你感到迷茫，被不正当的想法侵犯或者是以任何方式被诱惑去违背你的责任时，请注视着它，回想一下是谁在那个庄严的时刻在哪里为你戴上了它。"结婚时所使用的戒指类型也各不相同。有一些素金或是银镀金的指环，德雷南博士（Dr Drennan）在诗集中形容这样的戒指"朴素、纯洁得如同妻子一样美好"，通常还会铭刻一句箴言以及夫妻双方的名字缩写和结婚日期。法国人将这样的结婚戒指称为"Alliance"（法语中婚戒的一种别称），通常和结婚证书或者奖章一起出售，也会有结婚日期和名字缩写。这样类型的婚戒非常受珍视，之后更进一步演变出保护它们的戒指——一对细细窄窄的钻石指环，巴黎人称之为守护者指环，将它们佩戴在结婚戒指的上下两侧（图114）。1808年，关注宫廷新闻和女性实用信息的英国杂志《美丽集合》（La Belle Assemblée）宣告一种全新时尚——彩色守护者指环的到来："彩虹色彩的指环取代了守护结婚戒指的钻石指环。"还有一些不走寻常路的选择，比如1785年威尔士亲王和菲茨赫伯特夫人（Mrs Fitzerbert）那场身份地位悬殊的结合，他们在婚礼上选择双环戒指作为婚戒，将彼此的名字分别刻在两个指环上。双心图案的结婚戒指在法国备受青睐，珠宝商奥伯特（Aubert）的清单上列举过很多这样的款式：上方燃烧着钻石火焰的红宝石钻石双心，指环上有珐琅制

图114
一对18世纪的金银混镶"守护者"指环，每个都围镶一圈白钻。结婚戒指通常被佩戴在两个守护者指环之间，以确保它不会遗失。

图115 对页
这枚金银混镶的戒指，椭圆形的皇家蓝珐琅戒面上，玫瑰切工钻石镶嵌出字母缩写GM。18世纪晚期出现大量这种类型的戒指，用于婚礼上新娘佩戴，标志着从此以后她开始冠以夫姓。

图116
戒面上的红宝石钻石双心由
情人结系在一起，围镶着小
颗粒钻石和红宝石，宝石都
是镶嵌在银上，指圈是细细
的黄金指环。约1750年。

图117
红宝石祖母绿双心戒指，中
间一颗小珍珠。这枚德国戒
指戒面背后写着珐琅数字
3，这是典型的18世纪爱情
戒指，因为在撒克逊语中数
字3"Drei"的发音和忠诚
"Treu"的发音非常相似。

图118
粉色钻石双心戒指，双心被丘
比特的箭穿过，顶端装饰着
皇冠，金银混镶，约1750年。

图119
玫瑰切工钻石和祖母绿双心
戒指，外圈分别围镶祖母绿
和钻石，顶部装饰小皇冠，
金银混镶，18世纪。

作的箴言（1764年）；红宝石钻石双心，红宝石外圈用小钻石围镶，钻石再外圈是小红宝石（1764年）；镶嵌蓝钻和黄钻的双心，外圈围镶白色小钻（1768年）；祖母绿钻石双心（1769年）。新娘在婚礼上收到一枚带有她婚后姓名缩写的结婚戒指也是一种惯例，最初是用玫瑰切工钻石组成字母并镶嵌在镂空的戒面上（图120），而进入18世纪下半叶后，更多会被精美地镶嵌在深蓝色的底面上（图115）。

心形是迄今为止最受欢迎的造型（图116~图119）——其不仅仅是结婚戒指中的双心，还有单心、加冕的心、一箭穿心、燃烧的心、被情人结绑住的心，或者是附着一把钻石小钥匙的心（奥伯特制作，1760年）等。为强调它的象征意义，有些还会在指圈处铭刻箴言进行呼应，例如"吾爱之誓言"。还有戒指的戒面是一个戴着面具的女人假面，下巴和脸颊上有痣，不禁唤起人们在化装舞会上揭秘的兴致，而打开这个戒指的暗格时，你会惊喜地发现里面藏着一颗心，四周环绕着"只属于你"的告白箴言。这种样式的戒指是极其罕见的，我们更常看到的是一些用爱人的头发编织成心的图案，再用黄金、米珠（小珍珠）或者钻石制作花押，最后用水晶覆盖在整个戒面上方，这种类型偶尔还会制作成翻转戒指，戒面的一侧是花押，一侧是头发。花押在这里也有它自己暗藏的深意，作为一种护身符，抑或对这个名字的思念，以及佩戴者对名字上的他或她应尽的义务和责任。

人们看待头发，即使是新生婴儿的头发也

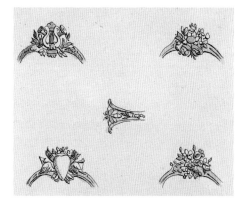

图120 上图
顶部装饰红宝石钻石皇冠，镶嵌在银上的钻石花押CA，代表新娘结婚后的名字。金叶子、红宝石和钻石制作的戒臂。约1740年。

图121 下图
爱情戒指设计图，来自于J. H. 宝爵（J. H. Pouget）1762年的《宝石论》：一个花束和一个花篮，一对鸟守护着巢中的蛋，一个乐器的奖杯，提醒着人们爱不光要通过眼睛，还要通过耳朵去传达。

很珍贵，1788年一位祖母写信给在巴黎的女儿，要她给自己做一枚有外孙胎毛的戒指，并说只需要简单朴素的款式就好，因为不想花费她太多钱。而另一枚相对奢侈的头发戒指，出现在1747年玛丽·皮特（Mary Petre）留给皮特夫人（Lady Petre）的遗赠里，"她的小钻石心形戒指里面藏着父亲的头发"。这里还有一种不同寻常的做法，将头发穿在指环中间同时也放置在雕刻有阿拉伯文的红玉髓下面，阿拉伯文的意思是这颗心被海伦娜（Helena）美丽的眼睛俘获了（图122，图123）。另外一枚戒指，头发环绕在中间微绘画的两侧，画中的女士正在将鸟儿从笼中放飞，背面刻着"为你"（图124）。巴黎珠宝商格莱维涅（Gravier）曾经于1780年向克莱西恩先生（M. Claissiens）出售过一枚精美的戒指，"戒指的戒面描绘一座祭坛，祭坛上有一颗用金色头发制作的戴着情人王冠的心，上面还有一只鸽子嘴里衔着爱心，旁边刻着铭文'请回来'，鸽子和心是用棕色头发做的"。除此之外，1782年他又给古勒侯爵（Marquis de Goulet）提供过一枚"用米粒珍珠做框的戒指，中间有心的祭坛和代表'终生'的铭文，使用白发在黑色底面上制作完成"。这都是一些比较少见特别的款式，而我们更常见的是将头发编织成一捆小麦或钉子造型的戒指。

　　头发通常会和象牙微绘肖像画组合在一起，这些图画内容可以是男人、女人，或者剪影轮廓，然后镶嵌在旋转戒面上或是隐藏在盒式戒指的秘密暗格内。1775年摩纳哥王子从巴黎珠宝

图122，图123 对页
藏有头发的红玉髓银戒指双
视图。这枚戒指的指圈处同
样穿插了头发，椭圆形戒面
是一颗雕刻阿拉伯文字的红
玉髓，意思是"这颗心被海
伦娜美丽的眼睛俘虏了"，
更多头发辫在戒面的背后。
约1740年。

图124
18世纪晚期的黄金戒指，头
发环绕在戒面中间微绘画的
两侧，画中的女士正在将鸟
儿从笼中放飞。可旋转的戒
面背后是深蓝色背景上的铭
文"为你"。

商奥伯特那里订购过一枚这样的戒指，钻石围镶的戒面上用"en grisaille"（灰色模拟浮雕画法）绘制象征谨慎的沉默之神，守护着戒面下方机密设置中隐藏的微型画像。在夏特莱夫人（Madame du Chatelet）临终的塌前，伏尔泰（Voltaire）发现正如曾经他的微型画像取代他的前任黎塞留先生（M. de Richelieu）一样，他又被夫人的最后一个情人——圣·兰伯特先生（M. de Saint Lambert）所取代了，后者的画像隐藏在夫人的红玉髓钻石戒指的背面。伏尔泰用哲学的方式去解释这种背叛："每个人都有自己的机会。这就是世界的方式。"作为微绘肖像画的一种衍生，人们认为眼睛最能表达情感，威尔士亲王和菲茨赫伯特夫人就曾经交换过描绘他们各自眼睛的椭圆形戒指。

在整个18世纪的大部分时间里，象征意义主宰着设计。"以诚相握"戒指还在继续被使用，有时会被雕刻成卡梅奥浮雕宝石（图126）。伏尔泰在设计丘比特雕像的碑文中明确地宣称这种神性的至高无上："无论你是谁，他都是你的主人，过去、现在和未来"，很多戒指也都运用了丘比特的象征属性，燃烧的爱情火炬、弓、箭袋、箭。他还以很多不同的造型出现（图125），比如向他的目标开弓，献上鲜花，以及在一枚刻着"小偷住手"的英国戒指中他带着一颗心落

图125 对页
这件18世纪晚期的黄金戒指用灰色模拟浮雕画法制作出一幅饱含深意的画面。时间老人手持一根长长的绳子，绳子中间系着一个情人结，另一端握在云端上的丘比特手中，代表着距离越远，结越紧；或者分离的时间越久，恋人之间的牵绊就越紧密。

图126
18世纪晚期黄金戒指上，两颗手型图案的石榴石浮雕分别位于希腊女诗人莎孚（Sappho）的绿松石浮雕头像两侧。这样小尺寸的浮雕宝石，很可能购于罗马，再以这种多戒面方式组合镶嵌在一起，看起来令人印象深刻。

图127
黄金八边形戒面的上半部
分，是字谜和谐音的短语
"我将去寻她"；下半部分
是一位女士，在她忠诚的狗
的陪伴下，将情人王冠放在
一对栖息在爱情圣坛上的嘴
对嘴的斑鸠头顶。法国，约
1770年。

图128 对页
另外一枚1770年左右制作的
法国戒指，戒面是由象牙制
作的场景画，最高处是爱与
友情的神殿，一位时髦的女
士在她忠诚的狗的陪伴下，
前来祈求恋爱的美好结果，
最下方的岸边停泊着她来时
的船。

荒而逃。1780年法国珠宝商格莱维涅将一个弓和
箭袋的组合设计在戒指的蓝色底面上，箭袋中
只有唯一的一支箭，环绕着铭文"我只瞄准一
次"。1764年摩纳哥王子和1765年蒙太古侯爵夫
人（Marquis de Montaigu）都曾经先后在珠宝商
奥伯特那里订购过情人结款式戒指，情人结的丝
带用玫瑰切工钻石镶嵌而成。1768年，奥伯特受
克里伦侯爵（Marquis de Crillon）委托定制结婚
戒指和结婚奖章的同时，还为他的新娘另外制作
了一枚戒指，三圈钻石边框内是一对嘴对嘴的斑
鸠图案。鸟儿还会被设计成在鸟巢边守护鸟蛋的
造型，用以象征母爱；或是分飞两处的一对鸟，
嘴里衔着一根长绳，环绕着铭文"飞得越远，牵
挂越深"。18世纪70年代开始，戒面的形状变得
越来越长，更加充裕的空间可以同时容纳多个符
号的组合图案，例如狗、鸽子和炽热的心。除此
之外，还有三色堇、常春藤，伴随着铭文"至死
不渝"。

　　18世纪的珠宝商再度诠释了箴言戒指。同以
前一样这些铭文几乎还是使用法语，以及由法语
对应产生的字谜。一些用珐琅制作的箴言特别受
欢迎，例如"我真诚的朋友""爱的信物""你的
友谊使我幸福""最美的人"等；但是单个词汇，
例如纪念、友谊、再见等，则是用玫瑰切工钻石
进行组合拼写。珠宝商格莱维涅当年会为宠物狗
制作项圈，上面悬挂银饰板并刻上"我属于"和
主人的名字，之后受此启发，还推出了类似款式
的戒指。这种"狗项圈"戒指，通常带有珐琅制
作的箴言——表达顺从和忠诚的宣言，如"我是

他的"或者"永远属于你"。字谜和象形文字戒指（图127），包括字母LMME的铭文，发音类似"她的爱"；LACD"她被征服了"（图129）；还有L FAIT MES DE后面配一束百合花，谐音是"她让我幸福"。威尔士亲王曾经送给菲茨赫伯特夫人另外一枚戒指，戒指上的箴言"我心中的朋友"（L'ami de mon coeur）分别用两个音符La和Mi代表，字母DE MON后面紧跟着一颗心。此外还有一些特别的设计，是只能赠送者和接受者才能看懂的密语。另一个值得注意的特别之处是数字"3"在戒指上的运用，这并不是法语而是德语，因为撒克逊语"3"的发音和"忠诚"的发音类似，所以它也被作为爱情的象征而使用（图117）。

在表达朋友、老师和学生之间情感的戒指类型中，让利斯夫人（Madame de Genlis）为我们提供了一个很好的例子。在她的描述中，1789年奥尔良公爵夫人送给她的戒指上刻着一行塞维涅夫人（Madame de Sevigne）信件中的引文，"虽然你知道你有多爱我，但你不能想象我有多爱你"，每个单词的首字母是用钻石镶嵌的。作为回礼，让利斯夫人也赠送给她一枚戒指，戒指上的丝带打成结，周围环绕着铭文"密不可分"。她的皇家学子——公爵夫人的孩子们，同样赠送给她戒指，其中最年长的17岁查特公爵（Duc de Chartres）送给让利斯夫人的戒指上刻着，"没有你的我会是怎么样？"而他的妹妹阿德莱德（Adelaide）送给让利斯夫人的是一枚双环戒指，刻着名字"阿黛勒"（阿德莱德的小名）和"难道还有什么比和你在一起更快乐的事情么？"年幼的博若莱伯爵（Comte de Beaujolais）送给她一枚象牙戒指，上面刻着"我是你的作品，我也属于你"。这些话语都是为了安慰那段时间沉浸在母亲去世的巨大悲痛中的让利斯夫人。

图129
这个金银混镶的宽指环上，玫瑰切工钻石和贝母将其分成几个小平面，分别刻着字母L、A、C、D，组成LACD，代表着谐音"她被征服了"。在四个字母之间的铭文祈祷着"愿爱眷顾她"。法国，约1800年。

珠宝商格莱维涅还发现朋友之间喜欢相互赠送的两种戒指，分别是雕刻"友情和感激"抑或是"爱的信物"的铭文，不分伯仲都同样受欢迎。让·雅克·卢梭（Jean-Jacques Rousseau）在《新生的爱洛伊丝》（*La Nouvelle Héloïse*, 1761年）中塑造的表姐妹克莱尔（Claire）和朱莉（Julie）之间的深厚感情在现实生活中就有对应。例如，布里切夫人（Madame de La Briche）和她的表姐妹阿格拉·德·朗格隆（Aglaë de Langeron），两人友情深厚并一同跟随数学家教学习，"我们很快就变得亲密无间。年轻并且心地善良，我们把这一份友谊看作是一种恩赐和福泽。"L.S.梅塞尔（Mercier）在《巴黎场面》一书中也提到这一类交心的朋友会"为友谊竖立祭坛，吟诵赞美诗，将朋友的微型肖像画隐藏在手链中，友谊的颂扬是对话间永远的主题。"

18世纪70年代，一种新型的爱情戒指出现，大尺寸的戒面受到追捧（图128），因此给场景画提供了足够的空间，例如穿着古典服饰的女性正在书写情书，或在维纳斯的祭坛上献祭（图127），或是在海岸边哀叹乘船远去的爱人。一个即将出远门的男人很可能会给他的女人一枚戒面带着时钟的戒指，指圈上铭刻"我会一直数着时间，直到我们再次见面"（图131），或是"时间会让我们再次相聚"。

图130
对友情的火热膜拜也是鼻烟盒的主题之一：盒盖上的微型肖像画中，两位年轻女士都穿着白色衣服，手交相紧握，祭坛上铭刻着"友谊的祭坛"字样。画者阿拉德（Alard），法国，18世纪晚期。

图131 对页
黄金戒指的场景画戒面，描绘了一位女士和她忠诚的狗，正站在一个座钟的旁边，底座上写着"我数着时间，直到我们再次见面"。德国，约1780年。

19 世纪

所有前文提到的这些主题——微型肖像画，头发，单环或是双环结婚戒指，常春藤，勿忘我（图132），爱心，"以诚相握"，新娘花押戒指等——都在19世纪的前几十年中被继续使用。戒面的设计被修改得由长转宽，更紧凑，以迎合当时的时尚需求。巴黎珠宝商麦兰瑞（Mellerio）在1809年带来一项创新——藏头诗戒指——用不同宝石的名字首字母拼凑出人名或是对爱和尊重的表达（图135，图136）。其中最受欢迎的是祝福（REGARD）戒指，由红宝石（R）、祖母绿（E）、石榴石（G）、紫水晶（A）、红宝石（R）、钻石（D）按照顺序镶嵌组成（法语英语相同）。藏头诗珠宝设计很快就在巴黎珠宝商中流传开来。

尽管现存的拿破仑送给约瑟芬的戒指都是18世纪的传统风格，但他送给情妇瓦斯文卡伯爵夫人（Countess Walewska）的戒指却不是，那是一枚用1813年莱比锡战役中射在他坐骑战马上的子弹制成的圣甲虫，后面还刻着那一天的日期。

1820年到1850年浪漫主义时期的男女都非常重视情感戒指。尽管诗人拜伦（Lord Byron）认为这是婚姻最糟糕的部分，结婚戒指依然被赋予了一种特殊的光环：比利时国王利奥波德一世的妻子，露易丝·玛丽女王，临终前将她的结婚戒指留给国王只因那"是我最珍贵最亲密的私物"。双环戒指也仍然在被使用（图133，图134），但是不论是哪一种款式，这一时期的结婚戒指都要刻上夫妻双方的名字缩写和结婚日期，并且作为婚姻关系对等的双方，丈夫和妻子

图132
两只手捧着红宝石和珍珠制作的勿忘我，强调不要忘记相赠之人。英国，19世纪早期。

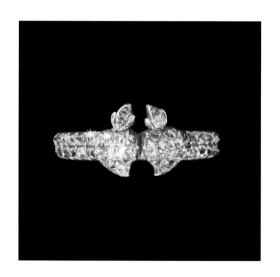

都需要佩戴结婚戒指。勇敢的拉格伦勋爵（Lord Raglan）在1815年滑铁卢战役之后手臂被截肢，他要求士兵将他的结婚戒指从截肢的手上取下来并重新戴在剩下的那只手上，然后得意洋洋地举着手说："看，我还是戴着它！"之后的40年中勋爵一直这样佩戴，直到1855年在塞瓦斯托波尔去世。许多英国男人最终放弃了这一习俗，但是德国人却保留下来，阿尔伯特亲王就总是戴着那枚1840年和维多利亚女王大婚庆典上交换的戒指（阿尔伯特亲王与维多利亚女王婚礼时交换素金结婚戒指的那一刻意义非凡，皇家礼炮，塔楼里的鸣炮，整座城市的教堂钟声都在回应这一时刻，举国同庆）。欧洲恢复君主制的统治后，贵族联姻的荣耀体现在为婚礼制作的戒指数量上，这些戒指要在皇家蓝的底面上用钻石镶嵌代表新娘名字的花押，上方还要有代表公爵、伯爵或男爵的王冠标志。在法国，结婚时必不可少的两件东西依旧是作为纪

图133，图134
金银混镶的双环结婚戒指开合双视图，整体密镶钻石。很可能出自法国，但是内侧刻有西班牙文：一个写着"爱让他们合二为一"，另一个写着日期1814年8月17日。两个指环分别带有一颗燃烧的心，当两个指环合并时，心和心会靠在一起。

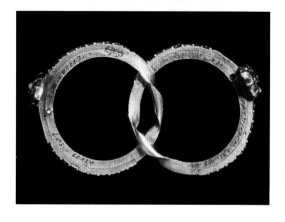

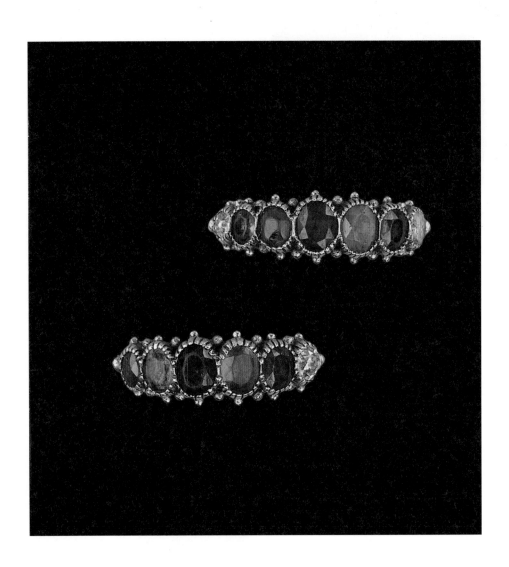

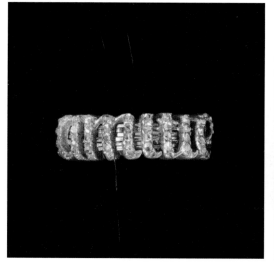
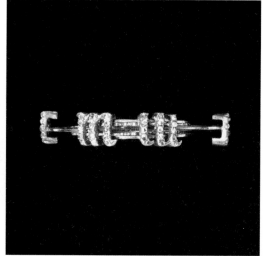

图137，图138 上图
约1800年制作，六个交叠指环的双视图。每个指环上用钻石镶嵌一个字母，合在一起组成"友谊"（AMITIE）。

图139 右图
金银混镶宽指环，约1810年。戒面正中镶嵌祖母绿，镂空的指圈用玫瑰切工钻石镶嵌组成"纪念"（SOUVENIR）。

图135，图136 对页
19世纪早期，两枚英国彩色宝石藏头诗戒指。上面一枚代表着亲爱的（Dearest），依次由钻石（D）、祖母绿（E）、紫水晶（A）、红宝石（R）、祖母绿（E）、蓝宝石（S）和绿松石（T）组成。下面一枚代表的是祝福（Regard）。祝福是藏头诗珠宝中最受欢迎的词语。

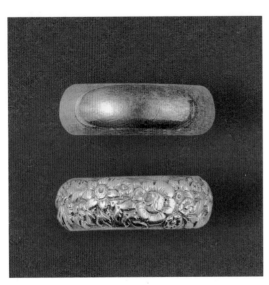

图140 上图
在这枚19世纪早期素面指环的内侧，雕刻法语"他绝不会出轨"。

图141 下图
同样是19世纪早期的戒指，指圈装饰繁复的玫瑰花，这枚戒指的内侧雕刻意大利文"我的人生甜蜜蜜"。

念的结婚奖章和结婚戒指，这时候的结婚戒指是一个刻着名字缩写和结婚日期的素面指环。

首尾相连的蛇会形成一个永恒的圆形，象征着持续不断的爱，成为当时最受男女欢迎的图案。它可能会在手指上环绕一圈两圈三圈，鳞片用珐琅制作，贵重宝石装饰的头上，红宝石的眼睛闪烁狡黠的光芒。比较有趣的衍生设计是1841年由巴黎珠宝商J.B.福森（Fossin）制作的两条缠绕在一起的蛇，一条是黄金制成，一条是铂金。另外在1827年新出现一种"奴役戒指"，上面有一条被挂锁锁上的细长链，如同犯人使用的铁镣铐，以此宣示着佩戴者是爱的俘虏。

其他19世纪早期的情感戒指还可以从以下符号看出来：爱心，紧握的手，勿忘我（图132），常春藤，象征丘比特与普赛克之间爱情的蝴蝶，三色堇表示"请思念我"，信封代表情书。一些短语如"纪念""再会"和"友谊"被玫瑰切工钻石或彩色宝石在较宽的指圈上镶嵌出来（图137，图138）；稍长一些的短语如"请留在原处"会使用珐琅制作。正如1829年《小信使报》所观察到的，这些戒指的魅力在于，尽管表达得很深切，但它们其实并没有让赠予者交托出任何实质性的永久关系。在前一年，讨论到那些使用晦涩的古埃及象形文字或希伯来文字进行掩饰的秘密语句时，《小信使报》就曾经开玩笑说，很少有人会选用希腊文字进行雕刻，因为太多的丈夫熟悉这种语言，可能不会很乐意去欣赏上面的内容。

1843年，巴尔扎克（Balzac）定制了一枚镶有橙红锆石的戒指送给他的情妇汉斯卡夫人（Madame Hanska），上面应该是用希伯来文刻着她的名字伊娃。爱送人戒指的巴尔扎克同样也喜欢收到戒指，在他写给汉斯卡夫人的信中提到，夫人送他的那枚戒指对他是多么的重要："它是我的护身符……我把它戴在我拿文稿的左手食指上，这样我就能时刻思念你，如同你在我身边，而不是在空气中孤独地自言自语，我可以时刻与我可爱的戒指对话。"

巴尔扎克在《守财奴》（1843—1847年）中提到一种广为流传的习俗，爱人之间会交换藏有一缕头发的戒指，通常会将头发制作成精美的图案，例如爱情神殿，覆盖在玻璃下面。"这是一种可爱的情感表达方式，可以像稻草人吓跑麻雀一样使男人感到安心"。比利时王后露易丝·玛丽的遗嘱清单上有一枚"我经常佩戴的蓝色珐琅戒指，包含着我父亲和母亲的头发"，蓝色珐琅将它与那些圣骨匣哀悼戒指中常用的黑色区别开来。另一种昂贵的衍生版本是多重圣骨盒戒指，例如珠宝商福森在1847年为法国最显赫的家族之一——心地善良的菲茨詹姆斯公爵夫人制作的戒指，指圈被分为水晶覆盖的六个部分，空腔中分别放置着她六个孩子的头发，以名字首写字母进行确认，分别是阿拉贝尔A（rabelle）、爱德华E（douard）、玛丽M（arie）、亨利H（enri）、安托奈特A（ntoinette）和查尔斯C（harles）。

从很多方面来说，浪漫主义时期无疑是情感戒指的高光时刻。但在进入19世纪下半叶后，象征主义确实出现明显的衰退，而我们今天众所周知的订婚戒指的出现，更加速了这一现象。订婚

图142
约1820年，这枚充满雕镂细节的戒指，镶嵌绿松石，内侧有意大利铭文"当你幸福时，请记得我"。来自于梅塔斯塔齐奥（Metastasio）的《奥林匹亚德》，1735年由佩尔戈莱西改编成音乐，这句话后来还被本杰明·康斯坦特用在小说《阿道夫》（1816年）的封面上。

戒指通常不强调象征主义，而是以当时最流行的设计，镶嵌上新郎所能负担的最珍贵的宝石或珍珠，但由于母亲的订婚戒指通常会被视为传家宝代代相传下去，所以经典风格还是大家的首选。接受这样的戒指便意味着接受一份明确的婚姻义务和责任。而在婚礼仪式上使用的则是普通的黄金指环，几乎都会刻上夫妻双方的名字缩写和婚礼日期，但不一定会有铭文。当《爱丽丝漫游记》中的爱丽丝·里德尔嫁给雷金纳德·哈格里夫斯时，她的戒指上刻着"相互为彼此，一起为上帝，1880年9月15日"，接下来54年里的每一天爱丽丝都戴着它。那些喜欢传统风格的人们仍然可以买到有象征主义的爱心戒指，有的是手托爱心的造型（图143），也有的是新型款式装饰着字母AEI（希腊语，永恒的意思）和MIZPAH（希伯来语，来自《圣经》"当我们不在彼此身边，愿主保佑你我"），字母凸起以浮雕形式制作在戒面上。

朋友之间相互赠送戒指的习俗被延续下来，比较瞩目的有1876年奥斯卡·王尔德（Oscar Wilde）和雷金纳德·哈丁（Reginald Harding）送给威廉·沃德（William Ward）的戒指，作为他通过牛津大学期末考试的礼物。这枚戒指如今存放在马格达林学院，是一枚很厚重的皮带扣造型黄金指环，外面刻着希腊语，意思是"两个好朋友给第三个好朋友的友谊纪念物"；戒指内壁刻着OFFW & RRH TO WWW 1876 的字样（三人名字缩写和日期）。同样，女士们之间也会互赠戒指，比如赠送给好友一枚双心绑在一起的钻石戒指，作为她们友情的纪念物。

图143
罗马的卡斯特拉尼于1870年左右创作的这枚戒指，手心处有一颗红宝石爱心。灵感来自于一枚古罗马的发饰，上面有一只握着苹果的手。

图144 对页
一个用绿色、红色和白色珐琅制作的怪兽，面朝上，正在张开大嘴吞噬中间的欧泊宝石。隐藏的两处铭文：指环底部，JCC 18.4.82；指环内侧，"我是他最好的朋友"。这枚戒指由奥斯卡·王尔德委托乔尔德乔尔德（Child and Child）制作的，被赠予人信息不详。

20 世纪

珠宝上的情感表达已经从戒指转移到手链上，后者可以刻上爱的语言，挂上各种各样象征符号的小坠子。虽然1900年左右"美好时代"的珠宝商们借助于很多18世纪款式的灵感，运用铂金滚珠边、钻石和定制式切工的彩色宝石对戒指进行全新演绎，但是代表象征主义的符号却只保留了爱心、蛇和常春藤。这一时期的重点都放在订婚戒指上，结婚戒指被简化为一个铂金指环，而且越窄越好，通常是素面的，偶尔也会在表面装饰橙花、勿忘我和常春藤的图案。

那些少数寻求更震撼的情感表达方式的人，会选择新艺术运动和工艺美术运动的艺术家，创作出极其特别的作品。法国的勒内·拉利克（Rene Lalique）创作过一对恋人舞者造型的戒指。而在英国，奥马尔·雷姆斯登（Omar Raimsden）设计过一枚形状如同绿色桃金娘王冠的戒指，上面有一男一女紧握双手的造型。在美国，金匠路易斯·罗森塔尔（Louis Rosenthal）受到诗人雪莱（Percy Bysshe Shelley）的抒情诗《爱的哲学》（1818年）中关于快乐、音乐和情感的启发，将诗的内容融入戒指的创作中（图145，图146）。

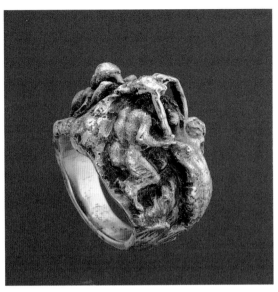

图145，图146
美人鱼拥抱着萨梯，分别代
表着海洋和地球，诠释雪
莱的诗《爱的哲学》（1818
年）。美国制作，路易斯·
罗森塔尔，约1920年。

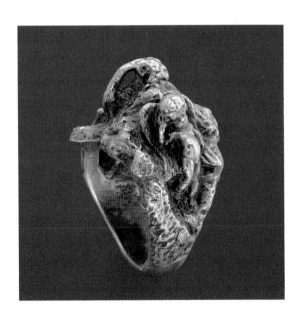

图147，图148

铂金戒指双视图。这是1925年法国珠宝商匹克（Le Picq）为弗吉尼亚·西格曼与纽约著名宝石专家以及藏家拉斐尔·埃斯梅里亚而创作的订婚戒指。戒面上高耸的雕刻祖母绿镶嵌在钻石、黑玛瑙、红宝石制作的底座上，戒臂镶嵌蓝宝石，它代表着最杰出的装饰艺术风格戒指设计。

但这些特别的作品只是非常少数的例外，大多数新娘还是更喜欢传统的订婚戒指。《时尚》杂志（1918年5月）指出这"不仅仅是因为它的象征意义，更是因为有一天可能会有年轻女孩带着浪漫的渴望注视着这枚'妈妈的订婚戒指'，或者是儿子、孙子们将这枚'我妈妈的'戒指戴在一位可爱女孩的手指上。从某种意义上来说，它就是未来的传家宝。"这枚戒指必须是新郎所能买得起的最好的，这一点在温莎公爵那里得到了证实：根据雅克·卡地亚（Jacques Cartier）于1939年6月1日午餐聚会上与贝洛克·朗德思夫人（Belloc lowndes）的一段对话，他说温莎公爵夫人"有很多高级珠宝，包括那枚订婚戒指，那是全世界最好的祖母绿宝石之一"。这也同样是一件让人非常自豪的事情，路易斯·德·维尔莫林（Louis de Vilmorin）在《美丽的爱情》（Les Belle Amours，1954年）一书中描述一次发生在家庭晚餐上的传统场景："上甜品之前，路易斯·杜威尔（Louis Duville）站起来走到他的未婚妻面前，将一枚红宝石戒指戴在她的手指上。她亲吻了他，眼里噙着泪水，满满的爱意。之后她环绕桌子一周，依次将手放在客人之间的桌布上，重复说'您看'。"过去的100年，最著名的创新非卡地亚的三环戒指"Trinity"莫属。19世纪20年代推出至今，一直是结婚戒指的热门选择，也被称为"永恒"戒指，简单的指环覆盖小钻石或彩色宝石作为周年纪念，三环绕指的造型非常类似手镯戴在手腕的样子。《时尚》杂志在1938年的评论里说，"难道还有什么比永恒戒指更能代表无止境的爱吗？"

图149
1925年法国时装图样上的年轻女性，短发造型，直筒宽松礼服裙，正在欣赏手指上的订婚戒指。典型的装饰艺术风格。

דיא   נָבֶֿט בֿוּר דֶער כֿרוֹיפֿֿט: וְנֶֿט וּנ אִין עטליכֶן קְהִלוֹת נִיט תְּחָנָה ·

图150

威尼斯的一场犹太婚礼：四
个年轻男孩举着传统的华
盖，在家人和朋友的注视
下，法师正站在新人中间主
持婚礼仪式。威尼斯木版
画，约1600年。

犹太结婚戒指

犹太婚礼上使用的戒指属于一个特殊的类别（图151~图162），它们只在婚礼上作为一种仪式使用。这让人想起公元7—8世纪中东地区盛行的购买新娘的古老传统，以及之后的海外犹太社区。戒指的金属成分代表新郎所贡献出的钱币，宝石是不允许使用的。公元1400年，来自莱茵兰地区美因茨市，著名的《犹太法典》编纂者拉比雅各布·哈里维·莫林（Rabbi Jakob ha-Levi Mölln）提到过在婚礼仪式中使用戒指，而这之后16世纪的文档中也同样出现过，例如1598年维特尔斯巴赫的库存记录。此外，在14世纪和15世纪大量的手稿和木刻版画中，同样刻画了婚礼仪式上给予戒指的场面。

这种戒指类型的完全形态，现存最早的来自公元1347年法国东部科尔马的一个犹太区。通常是一个建筑物形态的戒面镶嵌在宽指环上，有时被认为是代表耶路撒冷的神庙，但更多认可的是象征新婚夫妇即将组建的家园（图152，图153）。另外一枚有据可考的，出现在鞑靼人于公元1562年为躲避伊凡四世的镇压而埋葬的黄金宝藏中（图151）。后期的一些版本，房子的屋顶可以被打开，展示出用希伯来语书写的美好祝愿，"好运气（MAZAL TOV）"，暗示着一种德系犹太传统（图154~图158）。指环通常很宽，上面覆盖用金丝工艺制作的高凸圆台，装饰蓝绿色珐琅，中间会间隔小圆环等。另外还有一种类型，戒面没有建筑物，宽度不一的指圈内侧通常会刻有希伯来文的铭文（图160~图162）。还有一种衍生款在指圈上描绘亚当和夏娃。这些戒指类型一直沿用到19世纪。由于犹太人和金匠们都是流动居住的，所以很难定位这些戒指的出处。

图151
一枚犹太人结婚戒指，从一个黄金饰品的宝藏中发现。这些宝藏是公元1562年鞑靼人为躲避伊凡四世的镇压而埋葬的。它属于典型的宽指环加小房子造型。画作来自达什科芙公主（Princess Dashkov）的绿皮书，公元18世纪。

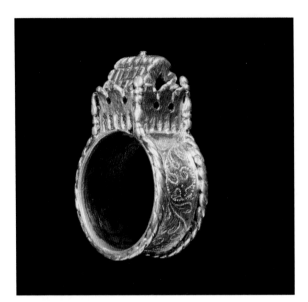

图154 对页
一枚19世纪的犹太结婚戒
指，白色珐琅的手托起房
子，每面墙上都有凸起的圆
台，转角的柱子支撑着三角
屋顶。

图152，图153
铜镀金的犹太结婚戒指双视图，戒
面是一座造型坚固的房子。公元
17—18世纪。

图157，图158 对页
公元19世纪带吊坠的犹太结婚戒指双视图。如左图所示，戒指的孔可以被封住。宽指圈装饰金丝工艺高台和金珠，以及绿色珐琅的叶子。多色瓦片的屋顶可以打开看见里面的铭文"好运（MAZAL TOV）"，吊坠部分也装饰了一个瓦片屋顶。

图155，图156 上图和下图
公元18世纪或19世纪犹太结婚戒指双视图。宽指圈的链条边框内侧装饰金丝、金球和绿珐琅。"房子"在这里被简化为一个蓝色珐琅瓦片的屋顶，打开它会看见希伯来字母M T，代表好运气，祝愿这对新人在未来的人生旅途上充满好运。

图160 左上图
公元17或18世纪犹太结婚戒指，宽指环由三圈高凸的金丝工艺、金珠间隔以及金链边框组成。内侧刻有字母M T，代表"好运气"。

图159 对页
公元17或18世纪的一枚犹太结婚戒指。宽指环依旧按照传统的金丝和金珠工艺装饰，但这里还有蓝色珐琅四叶草。内侧有代表"好运"的铭文（MAZAL TOV）。

图161 右上图
这枚相对简单的犹太结婚指环只有一个单圈的镂空金丝高台和金珠，以及绳状边框。内侧也刻有传统的代表"好运"的铭文MAZAL TOV。公元17或18世纪。

图162 右下图
铜镀金犹太结婚戒指，公元19世纪。指环上仅有两个金丝高台，两者之间刻着"好运"铭文MAZAL TOV，绳状边框。

第三章
虔诚祈祷、护佑辟邪的戒指
DEVOTIONAL, APOTROPAIC, AND ECCLESIASTICAL RINGS

古埃及

　　几个世纪以来，古埃及庙宇的庞大遗址和大量代表神及其象征的出土文物见证了一种充斥浓重宗教意识的古老文明，这样的精神如今依然可以在穆斯林和科普特人对待信仰的虔诚中可觑一斑。圣甲虫，也就是蜣螂（屎壳郎），是这种不惜一切想要获得超自然力量保护的体现，它象征赫普尔神，也就是早上出生时的太阳神——拉神，因此象征着新的生命和重生。刻画其他诸神的戒指同样拥有宗教意义和魔力象征。其中最主要的就是死神奥西里斯的儿子荷鲁斯，荷鲁斯的代表是猎鹰（图165）和眼睛（图167）。荷鲁斯在父亲被邪恶的叔叔塞特谋杀之后决心报仇，荷鲁斯之眼（也称乌加特之眼）就是荷鲁斯在与塞特漫长而凶猛的战斗中被其挖出，因此也被尊为子女孝顺和牺牲的一种象征。另外一个深受欢迎的当地神祇，是以猫的形态生于世间的女神巴斯特（图166），她是下埃及城市布巴斯提斯的守护神。还有青蛙，由于它们看起来就好像是从居住的泥地中自我形成的生物，被古埃及人当作帮助和保护人们分娩的"助产士"象征，代表受孕和分娩的女神赫凯特（图168）。

图163 对页
英格兰女王玛丽一世（1516—1568年），也称"血腥玛丽"，在一个教堂的祈祷桌前，桌上两个金色的盘子里放着痉挛戒指。在每年的祭祀典礼上，她会亲手将这些戒指握在手中分发给人们治疗痉挛症。

图164 上图
有墨丘利形象的古董戒指，出自福图努斯·利赛图斯的《古董指环》，1645年。

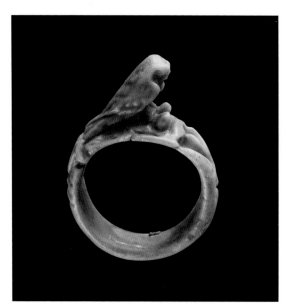

图165
荷鲁斯的象征，神圣的猎鹰，站立在这枚古埃及深蓝色釉彩合成物戒指上，宽指环和荷花装饰的戒臂。栖息在树枝上的猎鹰是早期象形文字中最常见的神的象征。王朝后期或托勒密时期，公元前6—公元前1世纪。

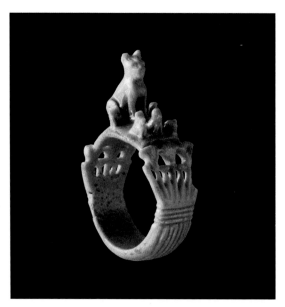

图166
另外一枚公元前6—公元前1世纪的古埃及釉彩合成物戒指。戒指上展示的是猫神巴斯特，伴随四只小猫，拱起的戒臂两侧装饰花纹。

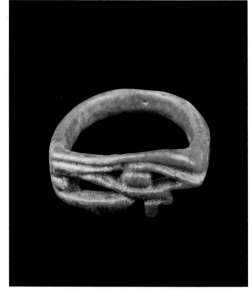

图167
古埃及釉彩合成物戒指，平整的戒面镂空雕刻荷鲁斯之眼。新王国时期或者更晚。

图168
这枚古埃及黄金指环的红玉髓戒面是一只雕刻的
青蛙,背部有雕刻细节,底面是保佑分娩和生育
的哈苏尔女神头像。

图169

希腊黄金戒指，约公元前400年。戒面雕刻着一位女性正在往架子上放置香料颗粒。

图170

公元前4—公元前3世纪，希腊黄金戒指。戒面上有雅典娜的高浮雕头像，她头顶带冠的头盔，长衫上穿着神盾或者胸甲。这位代表智慧、知识和艺术的女神，一身戎装为保卫雅典城邦不受敌人的侵略。高浮雕的圆形奖章风格也常常在公元前3世纪下半叶用来装饰银制容器的底座。

希腊世界

古希腊是一种多神崇拜的文明（图169），主要是众神之王宙斯，他在奥林匹斯山上主宰着世间众人的命运。其他的神和女神包括，雅典娜（图170）、阿波罗、狄俄尼索斯、波塞冬等，如同宙斯一样，他们都以人的形态出现，拥有清晰定义的神力、鲜明的个性和身体特征。著名的亚历山大大帝就非常沉迷于各种大神和英雄们，公元前332—公元前331年他在朝拜埃及锡瓦的神谕所之后，将自己的形象演化成羊头的宙斯阿蒙神，他的继任者们也都将自己与神联系起来，以加强他们的统治权威。例如托勒密四世菲罗帕特尔（Philopater，公元前221—公元前203年在位）被描绘成狄俄尼索斯，掌管生育、美酒、欢乐和来世幸福的神，对他的崇拜常常笼罩着神秘的色彩（图171）。在希腊，神庙和神谕所的遗址中所遗留下的小物件物证，例如戒指，也从另一个侧面体现出宗教对古希腊人生活的渗透程度。他们的神同样会与其他文明中传统的神融合在一起。例如为了将他的希腊子民与埃及国民团结在一个共同的信仰中，托勒密一世创立塞拉皮斯神崇拜——亚历山大城最伟大的神明（图172）。作为一位仁慈的神，他兼具宙斯、哈迪斯和波塞冬的特点，塞拉皮斯还成为伊西斯的丈夫、哈波克拉底的父亲。在亚历山大城伟大的塞拉皮斯神庙和其他地区的神庙中，朝圣者们聚集在一起崇拜歌颂塞拉皮斯，希望得到奇迹般的治愈。公元前1世纪开始，其他的庇护所也开始在希腊语

图171
这枚公元前3世纪希腊化时期的黄金戒指，戒面中央镶嵌狄俄尼索斯的石榴石凹雕头像，头戴常春藤冠。作为好客、美酒和欢乐的神，他被描绘成一个年轻英俊的男子带着梦幻般陶醉的表情。

图172 右图
黄金戒指上圆模制作的塞拉皮斯头像。他头上戴着莫迪亚斯，也是谷量容器，代表他对农业生产的保护。罗马埃及时期，公元2世纪。

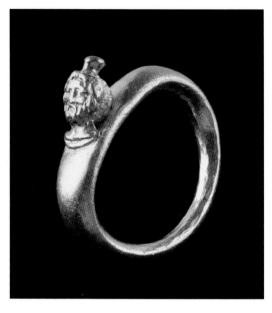

图173，图174 下图
黄金戒指双视图。圆形戒面上是宙斯和伊西斯的高浮雕头像。希腊的宇宙之主神宙斯和埃及女神伊西斯在塞拉皮斯神崇拜中被融合在一起。依据第六代德文郡公爵（1790—1858年）的描述，他和他的姐妹们小时候被允许把玩这枚戒指，并被告知这枚戒指曾经属于罗马皇帝尼禄（Emperor Nero）。托勒密时期，公元前2世纪。

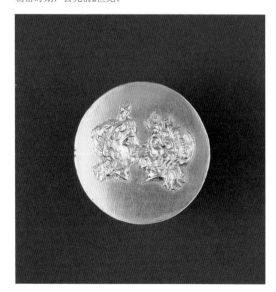

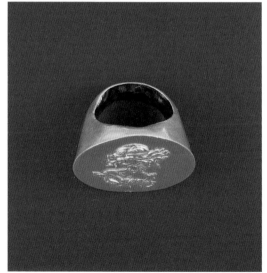

世界和罗马地区建立，因此出现大量代表塞拉皮斯的戒指，头上戴着篮子形状的头饰——莫迪亚斯（Modius）。这些神的形象，以及他们的祭物，要么是制作成宝石凹雕或卡梅奥镶嵌入戒面，要么是以雕刻或浮雕方式呈现在全金属的指环戒面上（图173，图174）。

希腊人赋予戒指非凡的力量。柏拉图（Plato）讲述过关于百手三巨人之一的古阿斯反转自己的戒指就可以隐形的故事。还有萨摩斯的僭主波吕克拉特斯，当被挑战去证明他神奇的好运无止境时，他将自己最珍贵的戒指扔入海中，七日之后，戒指奇迹般地出现在他晚餐即将享用的鱼腹中。作为可以防御生活中隐患的一种物件，银戒指被认为可以治愈蝎子的咬伤，眼睛的图案以及镶嵌在银戒面中的金钉被认为可以有效地避开恶魔之眼（图175）。

图175
这枚公元前6世纪的希腊银戒指，树叶形戒面中间的金钉用来避免厄运发生。

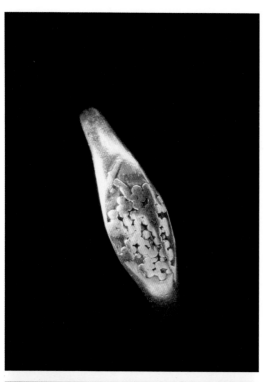

罗马时期

很大一部分罗马戒指，就像罗马钱币一样，带有神灵的形象，他们的保护赋予罗马荣耀和强盛，他们的雕像在神庙中被尊敬和崇拜。如同家中的小雕塑一样，这些戒指带给人们幸福和成功生活的希望，并增强他们的力量。西塞罗就曾经表述过罗马人的这一信念："朱庇特被认为是最好最伟大的神，不仅仅因为他令我们公正清醒，他还带给我们健康、富有和繁荣。"除了这些对信仰以及对众神全能神力的加持之外，戒指的戒面上还会出现辟邪的图案——男性生殖器、青蛙和大力神结，以及结合人兽元素的格里洛（Grylloi）。其中最为重要的是美杜莎的面具，这个蛇发女妖的致命一瞥可以立刻拿下任何敌人（图178）。很显然，当年的佩戴者非常重视这些戒指。马丁·赫尼格（Martin Henig）试图去解释罗马时期的英国境内士兵们洗澡时所丢失的戒指数量，他认为，这是因为即使在洗澡的时候，士兵们仍然不愿意取下戒指，让自己完全赤裸地暴露在危险中。

公元148年，亚历山大城中使用的戒指形成一种独特的类别。它们镶嵌双面雕刻的宝石，内容有的是咒语、魔法名字、字母和符号的组合，以及神像。这些深奥难懂的图案和组合被认为具有神奇的特性，可以确保顺利分娩，治愈眼疾、背部和胃的疾病。

图176 对页上图
这枚公元2世纪罗马黄金戒指戒面上的浮雕状葡萄枝，是为庆祝酒神狄俄尼索斯也是巴克斯（罗马名字），葡萄藤的栽培者和保护者。

图177 对页下图
戒面上的墨丘利戴着他的小飞帽，身旁还有一个信徒，罗马晚期黄金戒指，公元3—4世纪。

图178 上图
一个双环的黄金戒指，中间镶嵌美杜莎头像的玛瑙浮雕卡梅奥。由于直视一眼美杜莎可以立刻使人变成石头，所以像这样将她的头安放在戒指上，或者安放在雅典娜的胸甲上，都是一种有力的保护。罗马，公元3世纪晚期—4世纪早期。

早期的基督教、罗马和拜占庭

　　早期基督教会的神父们认识到长期以来人们一直渴望获得超自然能力的庇护，因此亚历山大城的圣克莱门特便用这种新宗教的形象和象征替换了过去异教中的神和女神。从公元4世纪开始，基督教主题不仅仅出现在拜占庭的印章戒指和结婚戒指中，并且出现在纯粹以宗教为目的而佩戴的戒指上。这些表达信仰的形象中最强大有力的就是十字架，这里必须要提到历史上著名的燃烧十字架和"借此符号你将征服一切"的希腊铭文。根据传记作家尤西比乌斯记载，公元310年米尔维安桥战役之前的那个中午，这个符号出现在康斯坦丁面前，并被他接受作为自己的军旗标志（图179）。接下来还有鱼，希腊文中"鱼"（ICHTHYS）这个词被认为是基督的藏头诗，由希腊单词耶稣、基督、上帝、儿子、救世主组成（图180）。而希望之锚（图181）则回顾了圣保罗的教诲，他鼓励信徒们要"牢牢抓住眼前的希望，这希望如同我们灵魂的锚，坚定而牢固"（《希伯来书》6∶18—19）。戒指上的羔羊和嘴里衔着橄榄枝的鸽子（图183），则是结合《圣经》中的两个形象：这只鸽子带着诺亚和人类可以从洪水中获救的信息回到方舟（《创世纪》8∶10—11）；而那只羊，或者说是神羔，是基督的象征，

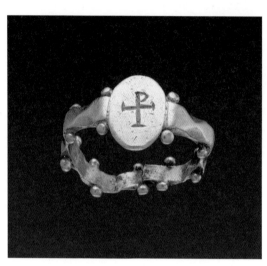

图179
戒面上是基督的字母图腾，由希腊字母chi和rho组成，明确地显示出这枚拜占庭黄金戒指主人的信仰。公元6—7世纪。

图180
鱼，基督的象征，出现在这
枚黄金戒指的戒面上，戒臂
处各有一个圆圈和点的图
案。罗马，公元3世纪。

图181
一枚拜占庭黄金戒指的戒
面上雕刻锚的图案，公元
4世纪或者更早。

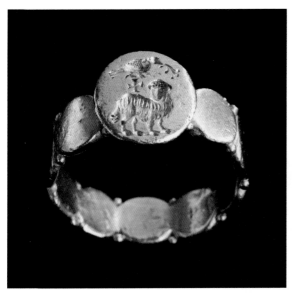

图183
衔着橄榄枝的鸽子、羔羊和十字架都出现在这枚拜占庭黄金戒指凸起的戒面上,指圈由九个圆盘组成,中间用一对小金珠间隔开。公元6—7世纪。

图184
戴着光环的圣迪米特里奥斯半身像,此处他被刻画为一位战士,还有希腊字母D和T,一起出现在这枚巨大圆形戒面的拜占庭黄金戒指上。迪米特里奥斯是重要城市萨洛尼卡的守护神。公元6—8世纪。

图182 对页
一枚拜占庭黄金戒指,可能是一位教士所佩戴,公元6世纪。八边形的指环用乌银镶嵌工艺刻画出天使报喜、探视、耶稣诞生、国王的崇拜、洗礼、钉十字架、坟墓前的玛丽。椭圆形戒面上描绘的是基督升天;戒面侧边刻着希腊铭文,意思是"主啊,主啊,主啊,主万军之神"。

见面时施洗者圣约翰用"看呐，上帝的羔羊"来迎接他（《约翰福音》1：29）。基督生平的其他片段（图182）也会出现在戒指的戒面和指环上，八边形的数字8象征着完美。出现的人物不仅包括基督，还有圣母玛利亚（图185）和各种圣徒的形象，其中最受欢迎的是圣迪米特里奥斯（图184）。公元303年迪米特里奥斯殉教道，成为萨洛尼卡的守护神，在那里"他把城市从瘟疫，饥荒和野蛮人手中拯救了出来；他在海上行走，掀起风暴驱散敌人的舰队；他给盲人以光明，给疯子以理性"。长期以来，祈祷一直是拜占庭戒指的主题，但在后期，戒指的戒面进一步延伸拓宽以留下足够空间给相对较长的祈祷文，两侧则装饰小手托举的造型（图186）。

图185
一枚普通的铜镀金戒指，戒面是简化的圣母玛利亚和圣子的形象，两侧是棕榈叶和十字架，象征基督的死亡和复活。拜占庭，公元6—7世纪。

图186
圣像破坏时期（公元8—9世纪）的拜占庭黄金戒指，当时禁止使用任何图像。指环末端是手握住戒面的造型，侧面和顶部都装饰涡卷纹，戒面中心是希腊铭文"上帝护佑佩戴者"。

中世纪及之后

信仰不光表现在修建中世纪的大教堂上，同时期的戒指也非常强调基督教特征。这种戒指的受欢迎程度在公元15世纪到达顶峰。这个类型规模非常庞大，通常是黄金制作，只在英国和苏格兰发现过很少量使用银制。维多利亚时期的戒指收藏家们称这一类别为"圣像指环"，代表着三位一体，基督、圣母和带着各自属性特征的圣徒。例如圣芭芭拉和她的塔、圣安东尼和他的十字形拐杖、圣凯瑟琳和她的殉难车轮，以及圣托马斯·贝克特和他在坎特伯雷的吸引了全欧洲朝圣的祭坛。这些图像被雕刻在六边形、椭圆形，或是长方形的戒面上，有时只是一个面，有时也可能是2~3个。通常戒臂要么是素面，要么是雕刻被阳光温暖照耀的花卉图案。这一类

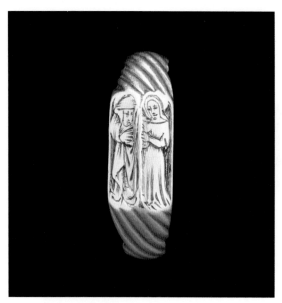

图187
这枚公元15世纪的英国黄金圣像戒指，指圈环绕雕刻着哥特体 EN BON AN，戒面的双框内分别雕刻圣母玛利亚和圣安妮。圣像戒指不仅会用于婚礼，也会如这枚一般被用作新年礼物。

图188
公元15世纪英国黄金圣像戒指，戒臂被一行金珠切分成两个并列的平面，都雕刻着小花枝，可以看出曾经珐琅的残余，六边形戒面上雕刻的是三位一体。

型戒指最早被提及是在公元1378年，当时的一个金匠记录到关于"十二枚克里斯托夫戒指"的交付问题——这是一个很受欢迎的主题，圣克里斯托夫保佑佩戴者免于突然死亡，以给他足够的时间在这个世界为灵魂准备来世。天使报喜非常适用于双槽戒面的展示，而圣徒们通常则是单个出现。当代考古学者在林肯郡的斯莱福德发现一枚包含五个场景的戒指，非常有趣。它的指环非常宽，上面用凸起的椭圆面展

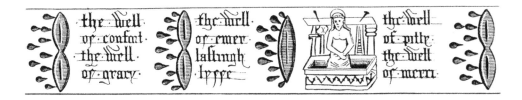

图189
公元16世纪早期英国考文郡，戒指的手绘图。指环上雕刻着基督从坟墓中起身的场景，背后是他受难的工具，以及流血的基督五伤，并用哥特体标注出它们神秘的名字：安慰，恩典，永生，怜悯和仁慈。

示天使报喜、耶稣诞生、耶稣复活、圣母升天，以及耶稣升天的场景，并且用黑色珐琅打底。1508年来自林肯郡波士顿的商人威廉·里德（William Reede）的遗嘱中写道"他母亲的结婚戒指，上面有两幅画像和珐琅装饰"，暗示着圣像戒指也被用于婚礼上。除此之外，它们的用途还很广泛，由于发现很多的圣像戒指上雕刻有"新年快乐"的祝福语，于是推测它们也被用作新年礼物进行馈赠。

　　为了提醒虔诚的信徒们，基督为拯救人类所受的痛苦，他的五伤以及受难的工

具——鞭子、钉子等与耶稣受难有关联的圣物——都被刻画在戒指上。备受推崇的有"维罗妮卡的面纱"，相传耶稣背负十字架赶赴加尔瓦略山的途中，圣维罗妮卡被他的虔诚和所受的苦难所感动，用自己的面纱擦拭他的脸庞，于是圣容就永远地印在她的面纱上。整个中世纪，每年的耶稣受难日当天，这张布纱都会在罗马的圣彼得大教堂展出，所有在场经历的人都渴望能拥有一件与之相关的纪念物（图190）。如圣骨匣一样，戒指中同样也有包含着真十字架的碎片，或者是传闻中保存在罗马的囚禁圣彼得的铁链锉屑，以及记载中1427年伊丽莎白·菲茨休夫人（Elizabeth, Lady Fitzhugh）留给儿子的戒指，里面藏着"圣彼得的手指圣物"。

人们挂在腰间或戴在脖子上用以祈祷的念珠，很多会附带戒指。为方便起见，这枚小小的戒指，会有一个十字架的戒面，戒圈上十个凸起的小球予以辅助祷告这种虔诚奉献的行为。而这些念珠戒指，不论简单素面或是繁复精致，一直被延续使用到19世纪（图192）。

戒指上的祈祷铭文会包括一些字母缩写，尤其是IHC，代表耶稣基督。单个字母M，代表圣母玛利亚（图193）。希腊字母表上的第一个和最后一个字母，阿尔法（α）和欧米茄（Ω）（图195），

图190

15世纪黄金戒指，戒面上是圣维罗妮卡的面纱上留下的基督圣容。指圈外围雕刻在枝叶花束中的哥特体AD IUVA*MARIA，内侧是梅尔基奥和巴尔萨泽的名字（MELCHIOR BALTHASAR），这是在基督降生之时宣誓效忠并向圣母玛利亚祈祷的三王其中的两位。

图191
这幅天使报喜微型画的边框
中装饰着念珠，念珠一端系
着可以增强祷告者能量的戒
指。来自勃兰登堡红衣主教
阿尔布雷特的《时间之书》
（见图328），1522—1523年。

图192
一枚晚期的念珠戒指案例，
约1830年。指圈上凸起的松
石圆珠祷告万福玛利亚，戒
面的十字架祷告天父。

是圣子的象征，暗指"主说，我是阿尔法，我是欧米茄，是过去、现在和以后永在的全能者"（启示录1：8）。《圣经》中最常被使用的引语是万福玛利亚（AVE MARIA），这是天使加百列在天使报喜时向圣母的问候词（图194）。例如一枚镶嵌红宝石的戒指，两侧是圣安东尼十字架，戒臂下各自藏着一位赫里福郡主教的名字，在戒指内侧刻有万福利亚。其他引语还包括基督在十字架上最后说的话"CONSUMMATUM EST"（成了）；教众们对圣母玛利亚的祈祷"MATER DEI MEMENTO ME"（圣母，请记得我）。人们佩戴这些戒指都是为了期许这一世的安全和下一世的救赎。这种祈祷还包括铭文ADIUVA NOS DEUS SALUTARIS（诗篇：上帝是我们的帮助和救赎），以及JESUS AUTEM TRANSIENS（路加福音：耶稣穿过他们中间），后者来自一篇描述耶稣如何毫发无伤地摆脱敌人，从而被认为可以保护旅行者免受小偷的伤害。

治愈属性通常都是归属于有宗教联系的戒指，如我们所见的某些镶嵌特定石头的戒指。人们非常尊崇三位国王，认为他们的名字具有防止癫痫发作的效力，这三位国王对幼年的基督宣誓效忠，他们分别是巴尔萨泽（BALTHASAR）、梅尔基奥（MELCHIOR）和卡斯帕（CASPAR）（图190）。根据锡耶纳的圣贝纳迪诺的布道，圣名不仅仅以字母缩写IHC出现，还有一些衍生体。在一个充满饥荒、战争和黑死病恐惧的年代，人们相信，圣克里斯托夫的图像和十字架上刻着的铭文，都可以保护他们远离时刻存在的猝

图193
戒臂上雕刻着加冕的字母M，代表圣母玛利亚，天堂的女王。椭圆形戒面镶嵌着四爪固定的弧面蓝宝石。15世纪。

图194 对页
15世纪黄金戒指，指环雕刻"万福玛利亚，充满圣宠"。戒臂上的龙头守护着椭圆形戒面，戒面的侧围装饰一圈老鹰，戒面镶嵌的绿色石头被认为具有治愈和辟邪的作用。

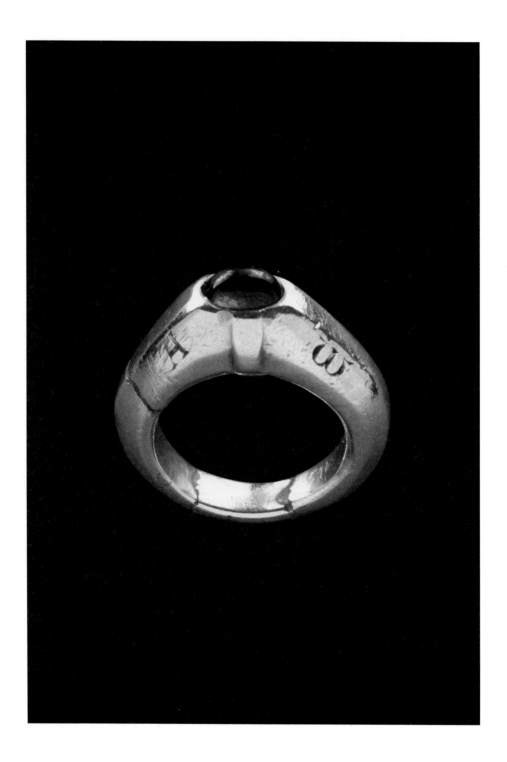

图195
13—14世纪，黄金马镫形戒指。弧面蓝宝石的两
侧雕刻希腊字母阿尔法（α）和欧米茄（Ω），
字母表中首尾的两个字母，被用作基督的象征，
"主说，我是阿尔法，我是欧米茄，是过去、现
在和以后永在的全能者。"（启示录1：8）。

死的威胁，而这些雕刻在戒指上的文字图像所具有的保护力量可
以在佩戴的过程中通过肌肤传至佩戴者身上。

　　这种刻着铭文的护身符戒指得到中世纪最伟大的神学家圣托
马斯·阿奎那（Thomas Aquinas）的支持，他认为只要铭文中没有
邪恶的象征、没有使用不能理解的词语、没有欺骗或除上帝以外
的其他信仰、没有除十字架之外的其他符号，那么佩戴它们是应
该被允许的。这样的戒指带给佩戴者们心灵上的抚慰，由于受到
超自然的能力保护而对自己的生活备感安心和充满信心。

　　英国著名的痉挛戒指，被认为可以治疗痉挛和癫痫病人，同
样说明教会认可医药戒指类型。从爱德华二世统治时期（约公元
1327年）开始的几个世纪以来，作为一项传统，每年的耶稣受难
日，英国国王和王后会向威斯敏斯特教堂供奉金币和银币，用来
熔化并制作成戒指。加冕礼上被圣油圣洁化的君主，将用他的双
手通过一种特别的仪式，去祝福这些戒指（图163）。很可惜没有
发现幸存下来的实物，但是约翰·巴雷特（John Baret），伯里圣埃
德蒙兹一位富裕的市民在1463年的遗嘱中曾经记录他留下一枚黑
色珐琅、银和银镀金材质的痉挛戒指。

　　痉挛戒指并不是新教教条的唯一产物，从16世纪中期开始，
北方国家的宗教精髓同样展示在其他的表达方式上，比如死亡戒
指（Memento mori 详见第四章），十字架戒指，宣誓信仰的戒指例
如刻有"朋友会辜负但上帝不会"，和用来祈祷上帝祝福的结婚戒
指。在罗马天主教的南部，宗教戒指变得越来越少，仅限于几种
流行的类型。一些带有基督、圣母或者守护人圣徒的图像，还有

一些是基督（IHC或IHS）或者是圣母玛利亚（MRA）的字母缩写。其中最受欢迎的是戒面上带有耶稣受难像或者单个十字架的戒指。其中真十字架的碎片依旧备受人们尊崇。1793年露易丝·阿德莱德·埃罗（Louise-Adelaïde Hérault）在遗嘱中留下了一件遗物给格兰维尔的埃罗夫人（Madame Hérault de Grandville），"希望她，我最亲爱最好的朋友，可以接受这枚戒指，里面包含了我的外祖母留下来的真十字架碎片。我想不出还有更好的人，值得我将如此珍贵的东西托付给她。"

朝圣者还可以在著名的朝圣地获得圣地纪念品戒指，比如洛雷托的圣殿、帕多瓦的圣安东尼圣殿，以及定期会展示包裹耶稣圣衣的都灵。佩鲁贾大教堂的圣阿内洛教堂里供奉着一枚玉髓戒指，据说是圣母与圣约瑟夫结婚时使用的。在每年的圣阿加莎节（7月29日），这枚戒指会被放在一个装饰华丽的神龛里，供妇女们祈祷免受生育类疾病困扰。20世纪时，大教堂里还出售带有证书的银质复刻品。去罗马旅行的人可能会带回有当时在位教皇画像的戒指（图196），又或者是18世纪晚期开始出现的微型马赛克戒指，马赛克画面通常是基督教符号以及罗马各大教堂中呈现出来的基督、圣母、圣徒的画像。而在希腊，包含基督名字中首两个字母的chi和rho非常受欢迎。这两个字母的组合刚好可形成一个十字，rho类似于一个P，chi类似一个X，所以这个字母组合也可以读作pax，也就是拉丁语中的"和平"。

在19世纪天主教复兴期间，不同类型宗教戒指的需求依然十分强劲。这一时期的大部分祈祷戒指上，都会有耶稣受难像或是希腊、拉丁、马耳他样式的十字架，有时还会在指圈上制作十个凸起的圆点以用作念珠使用（图192）。尽管在1836年，宗教法庭规定这样的戒指不能被予以赦免，但是人们依然没有舍弃它们。记录中显示伯恩伯爵在1850年订购过一枚黄金玳瑁念珠戒指，而巴黎的J. B. 福辛（J. B. Fossin，尚美Chaumet的前身）把蓝色十字架藏在一颗深红色的弧面石榴石中。19世纪40年代，福辛将信

图197

戒面是一个哥特式的壁龛，拱门内是坐着的圣母玛利亚，膝盖上正放着书，双手交叉在胸前作祈祷状，仿佛正在看向前来报喜的天使。这枚镂空戒面的黄金戒指由巴黎的儒勒·威斯制作，约1860年。

仰和智慧的象征结合在一起制作过一枚用蓝色的蛇缠绕在钻石十字架周围的戒指，暗指圣经的训诫"像蛇一样拥有智慧"。而另一枚戒指，基督教三德信望爱以信德十字架、希望之锚和慈善火炬表示，并加以珐琅装饰，依次镶嵌钻石、祖母绿和红宝石。19世纪下半叶，法莱兹（Falize）、儒勒·威斯（Jules Wièse）（图197）、埃米尔·福劳门特-默里斯（Emile Froment-Meurice）等珠宝大师们创造出更具雕塑感的精美案例，反映出基督教信仰所带来的灵感。其中一个杰出的例子是这枚哥特式复兴风格戒指，镶嵌人物肖像的蓝宝石凹雕，戒臂是一对合手祈祷的天使，灵感来自哥特式雕塑（图198，图199）。年轻的天主教徒和新教徒可能期望获得祈祷戒指来标记自己的信仰，戒指上刻有日期，可能还会伴随一段圣经中的引文。

图 198，图 199

19 世纪法国黄金戒指双视图。戒面镶嵌六角形蓝宝石凹雕，
上面是一个男子的头像，戒臂是一对守护天使，双手举起
呈祈祷状，哥特雕塑中获得的灵感启发。这很可能是一枚
悼念戒指。

护身石

　　如果不提及宝石本身作为护身符的意义，那么对于这一类戒指的研究肯定是不完整的。人类历史上很早就出现关于宝石的信仰，认为它拥有影响财富和健康的力量。这些宝石如此稀有和美丽，仿佛来自天界，因此佩戴它们便如同能将天堂的能量传递给佩戴者，从而予人一种永恒的超自然保护之力，用来抵御不幸。除此之外，一些宝石还与特定的神祇有关，例如，酒红色紫水晶雕刻酒神巴克斯相关的内容被认为可以防止醉酒。老普林尼在公元77年撰写的《博物志》中对当时已知的文化信息进行汇总，书中他质疑紫水晶可以防止醉酒这一点，但却定性珊瑚可以作为庇护抵御邪恶之眼、风暴和闪电，他还说血石被用于制作太阳神赫利俄斯的形象，是因为被血石浸泡的水反射阳光后会变成血的颜色。关于宝石对人类生活可能产生的影响，最早的著作可以追溯到公元前315年，古希腊哲学家、自然科学家泰奥弗拉斯托斯创作的《岩石论》。而贯穿中世纪的影响主要来自马博德（Marbode），他在1067—1081年对60块石头的力量进行最具权威性的描述和定义。因此，每枚戒指所镶嵌的宝石都有其特定的属性，这一点在马博德之后的诸多宝石学汇编中均有体现。根据这些说法，蓝宝石可以治愈眼疾和保持贞洁，而蟾蜍

图200
医生将血石放在病人的鼻子下方进行止血。木版画，约翰·古巴（Johann Cuba），《健康花园》（斯特拉斯堡，约1497年）。

图201，图202
整块血石雕刻的戒指双视
图。椭圆形戒面上雕刻朱
利奥·克劳狄王子（Julio-
Claudian Prince）的凹雕头
像，结合文艺复兴时期的古
典文化风格和长期以来对宝
石驱邪力量的信仰，这枚戒
指一并展示出16世纪宝石雕
刻的优良工艺。

石（取自鳞齿鱼化石的牙齿）可以有效对抗毒素
和肾病，并保护新生儿。这些属性还可以通过雕
刻在宝石上或戒指其他位置的铭文进行进一步的
加强。教会准允这一传统的延续，根据1263法规
"除非生病，修女禁止佩戴任何戒指或宝石"，
因此修女可以佩戴医疗目的的戒指。

即使是文艺复兴时期的认知依旧没有减弱人
们对于戒指医疗作用的信仰，根据弗雷·基隆尼
莫（Fray Gerónimo）1595年记载，"戒指所具备
的吸引力在于它独特的环形，以及丰富的设计和
材质使用，兼具美感的同时让人身心愉悦，并且
有助健康。"宝石因为这些优点特性继续受到大
家的青睐，其中洛伦佐·美第奇的医生为他开出
的痛风处方论证了这一点，"您应当在黄金戒指
上镶嵌一种叫太阳神石的宝石，然后佩戴在左手
无名指上让宝石可以直接接触到皮肤。这样做之

图203
荷兰国王路易·波拿巴的妻子赫登斯皇后,她向拿破仑军队中服役的军人分发护身符印章戒指。被认为是热拉尔男爵(Baron Gérard)的画作,法国,约1806年。

后,痛风和关节疼痛都会彻底远离您,因为这种宝石具有一种潜在的特殊能量可以防止体液进入关节。"进入16世纪之后,护身符形式的戒指渐渐消失,但是对于宝石力量的信仰并没有。剑桥大学教授托马斯·尼科斯(Thomas Nicols)在著作《宝石史》(1652年)一书中归纳汇总它们的特性,按照他没有任何评判的记述,宝石能够使人富有和能言善辩,保护人们免遭雷电,远离瘟疫和疾病,实现梦想,获得安眠,预知未来,使人明智,增强记忆力,获得荣誉,防止中邪和巫术,阻止懒惰,给人勇气,令人忠贞,增进友谊,阻止分歧和争执,让人隐身……

虽然尼科斯也承认他从未亲眼见到宝石戒指治愈的神奇事迹,但很显然他并不排除宝石总归存在一些特殊价值的可能性。甚至科学家罗伯特·博伊尔(Robert Boyle),1660年皇家学会创始人之一,也宣称即使他从未见过那些坚硬而昂贵的宝石(如钻石、红蓝宝石)表现出任何巨大的能力,但他并不怀疑它们具备某种医用价值,理由是一位学术界朋友有严重鼻出血症,被一位老妇将鸽子蛋一般大小的血石挂在他脖子上后宣称自己被治愈了。18世纪的西班牙有一个关于护身符戒指的明确记载,理查德·坎伯兰(Richard Cumberland)

在1780年遇到神甫柯蒂斯（Abbé Curtis），柯蒂斯虽然对护身符没有什么信仰，但他给理查德买了一枚墨西哥工艺的戒指，材质非常古老而神圣，带有德高望重的印第安长老的祝福，这位长老在当地被尊为圣徒。这枚戒指曾经被已故的欧苏娜公爵夫人（Duchess of Osuna）异常珍视，因为它有效地保护夫人免受雷电的伤害。另外还有一枚有证可考的是普瑞沃斯夫人（Madame Prévost）在1765年从巴黎珠宝商奥伯特处购买的红玉髓雕刻护身符戒指，这很可能是一件雕刻有伊斯兰铭文的宝石，与赫登斯皇后（Queen Hortense，拿破仑的继女，后来成为他的弟媳）在她的回忆录中记录的收藏类似。皇后写道："在那些日子里，人们疯狂着迷于这一类土耳其语雕刻宝石。我自己也收藏很多。我认为从我手中送出去的这些印章可以作为护身符，至少我乐于这样想，所以我会把这些小纪念物分发给很多人，希望它们能去到某个特定的人手中，就像我告诉自己一样，总归会有几个安慰分吧。我的生活或许很悲伤，但是我希望可以为其他人带来好运，这样我也会停止抱怨自己的命运。我还会将这些印章送给皇帝的军队副官以及军队中的其他人，告诉他们要仔细收好不要遗失，这样可以保护他们远离危险……一些崇拜自己丈夫的年轻女士，例如菲利普·德·塞古尔夫人（Madame Philippe de Ségur），非常恭敬严肃地来向我祈求这些土耳其护身符。事实证明，无比幸运的，几乎所有

带着我的护身符的人都安然无恙地脱险了。就连大家都以为已经死亡的布加尔斯先生（M.de Bougars），后来也被发现在一所修道院中获救，当每个人都在担心他安危的时候，我坚信他一定会安全，因为他带着我的一枚印章。科尔伯特将军（General Colbert）在一场战役中遗失了他的护身符，他立刻请求我再送一枚给他。"

之后赫登斯皇后还提到罗森内尔将军（General du Rosnel）是如何在信中宣称自己的生命要归功于那枚挂在他怀表上的护身符，并继续向所有朋友展示这件著名的印章。之后每一次军事战役开始之前，年轻的女士们络绎不绝地前来向皇后求助，祈求获得更多的护身符。有趣的是，拿破仑自己也有一枚类似的护身符红玉髓雕刻宝石，那是在他在埃及战役中获得的。后来传给他的侄子拿破仑三世，后者总是将它佩戴在表链上。再后来拿破仑三世又传给儿子帝国的王子。当王子于1879年在南非与祖鲁人的战争中被杀时，护身符从他身上消失了，并再也没有找到。

历经很长时间，这种对宝石力量根深蒂固的信念才开始逐渐减弱，直到19世纪，特别是乡村地区，驴蹄、蟾蜍石和血石依然还在被使用。时至今日人们依旧相信宝石在某种程度上与天空诸神有关联。这也解释了不论上面有没有星座符号，生辰石戒指都非常受欢迎，例如出生在狮子座的人佩戴绿松石，射手座的人佩戴托帕石等。

图204

修道院院长尼古拉斯（Abbot
Nicholas à Spira）的画像，
穿戴着象征他教会神职地位
的服饰：珠宝装饰的法冠，
权杖，珠绣装饰的法衣。在
他的礼拜手套上，戴着反映
他财富和精神权威的重要戒
指——其中一个带着盾形纹
章，另外两个镶嵌宝石。雅
克·德·波德雷（Jacques de
Poindre），弗拉芒，1563年。

图205，图206 对页
黄金戒指双视图。戒臂上装
饰葡萄藤叶，长方形边框镶
嵌台面切工蓝宝石。戒面背
后是珐琅制作的教皇冠冕，
交叉的钥匙和法尔内塞教
皇保罗三世（Farnese Pope
Paul III，1534—1549年）的
纹章，指环内侧还刻着他的
名字。按照惯例，教皇会将
这枚戒指交给红衣主教会议
新任命的一位枢机主教。

教会戒指

佩戴戒指作为一种等级标志被记录在《圣经》中：当法老指定让约瑟成为埃及的统治者，"他取下自己的戒指，戴在约瑟的手上"（《创世纪》41：1—4）。这一目的在希腊人看来并不那么重要，但后来戒指被罗马人采用作为荣耀和尊贵的标志。这种习俗在罗马天主教会被赋予新的发展方向，教皇会拥有大量戒指，其中包括他的印章戒指（被称为"渔夫的戒指"）以及其他形形色色作为他神职职务标志的戒指，通常会刻画他的肖像，以增加其威严。由于戒指的形态是一个环形，代表着无止境，因此也作为忠诚的象征，几个世纪以来，任何一个庄严正式的教会仪式上都能看到它的身影。现存最早的主教全身像中，不仅会戴着一枚官方戒指，还会有很多枚分别戴在手指的上下关节处，有时还会戴在礼拜仪式的手套外面。这个类别中还包括枢机主教戒指，由在位的教皇授予给新任枢机主教，传统的戒指样式是镶嵌一颗蓝宝石，宝石下方用珐琅制作教皇的纹章和名字（图205～图207）。按照惯例，主教在祝圣时要接受一枚戒指，之后他都会佩戴这枚戒指作为他神职的象征，就像主教法冠和主教权杖一样。与印章戒指不同的是，主教戒指基本都是用黄金制作并镶嵌宝石，通常是蓝宝石或红宝石，不会对宝石进行雕刻，其设计会遵循当时装饰性戒指的图案。虽然枢机主教戒指传统上会雕刻上在位教皇的名字和纹章（图208），但主教戒指不用。这些戒指之间的区别还可以从那些象征他们教会地位的图案辨

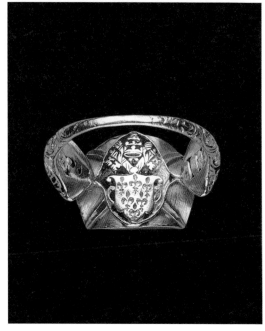

图209，图210 对页
19世纪晚期的黄金主教印章戒指。镂空戒臂，一面如图所示是一个被蛇缠绕的十字架，另一面是耶稣受难，戒臂上方分别是字母IHSU和INRI。八边形戒面镶嵌血石凹雕，图案是一个十字架和字母缩写DPEP，用于密封来往信件。

图207
黄金枢机主教戒指，镶嵌着刻面紫水晶，上方是红色珐琅制作的枢机主教帽子，两侧是层层叠叠的流苏，下方是盾形纹章和铭文"我的上帝，我的帮助"。戒指上刻印的SA代表塞缪尔·阿恩特（Samuel Arndt）——19世纪俄罗斯皇室珠宝商。

图208
黄金枢机主教戒指，椭圆形戒面镶嵌圣母玛利亚的紫水晶玻璃卡梅奥浮雕头像，外框镶嵌钻石，以及镂空的侧边。戒臂镶嵌着枢机主教和教皇约翰二十三世（Pope John XXIII，1958—1963年）的纹章。

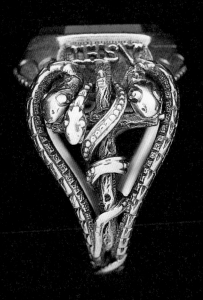

图211，图212 对页
19世纪晚期黄金主教戒指双视图。戒臂是基督的头像，基督头戴荆棘冠，上方装饰着十字架和圣母玛利亚。八边形戒面镶嵌着一颗紫水晶和钻石边框。

图213 上图
20世纪早期黄金戒指，镶嵌弧面紫水晶，旁边雕刻"我的希望存于基督"。

别出来，包括主教帽子（图207）和主教法冠。这一传统在19世纪到达顶峰，当时的戒指制作更加精致，上面会刻着基督（图209，图210）和圣母玛利亚（图211，图212）的肖像，并且伴随着祷告词（图213）或者适宜的圣经引文，例如"至死不渝，我将赐予你生命之冠"（《启示录》2：10）。通常，新任主教的朋友和支持者们还会在著名的珠宝工匠处委托订购一枚戒指（图214，图215）。由于装饰艺术时期的设计师们寻求将设计从过去中解放出来，H. G. 墨菲（H.G.Murphy）和卡地亚设计的两枚主教戒指是现代主义对传统形式重新解读的有趣案例（图216，图217）。如同礼拜盘一样，自20世纪60年代梵蒂冈二世颁布法令以来，主教戒指的产量明显下降。但是罗马天主教俗教徒们仍然习惯跪地亲吻主教们的戒指，因为那是被天赐的权威的象征。

图214，图215

黄金主教戒指双视图，由巴黎珠宝工坊路易·奥
科克（Louis Aucoc）制作，约1900年。指环上铭
刻"一切为基督"。戒臂是用蓝色、绿色珐琅制
作的叶子，支撑着方形突出的戒面，穿插珍珠的
双层珐琅边框装饰，戒面正中镶嵌绿色碧玺。

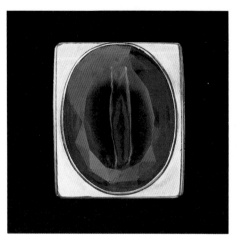

图216
黄金主教戒指，方形戒面上
镶嵌一枚椭圆形紫水晶。这
种极简风格设计展示出装饰
艺术时期的影响。外盒上有
H. G. 墨菲的签名，福尔肯工
作室的金匠，伦敦，1929年。

图217
卡地亚制作的黄金主教戒
指，巴黎，1928年。镶嵌刻
面紫水晶，指环錾刻叶子纹
饰，戒臂的盾形图案和十字
架沐浴在光环下，两侧是橄
榄枝和棕榈枝。

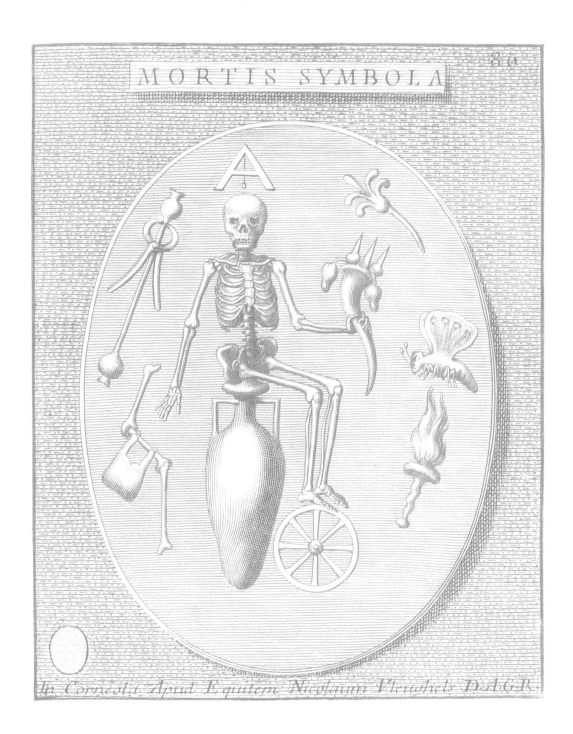

第四章
死亡和哀悼戒指
MEMENTO MORI AND MEMORIAL RINGS

古代世界

　　正如《诗篇90》的作者鼓励善良的犹太人——"记住我们终将死亡，可以让我们变得更加智慧"，在古希腊也有类似谚语将生命的脆弱比作是泡沫，柏拉图曾经教导他的追随者们要学会为死亡做准备，这样他们内心便无所惧。罗马的塞内卡（Seneca）也建议大家，熟悉死亡是接受死亡的最好方式，罗马皇帝马克·奥里利乌斯（Marcus Aurelius）在冥想时也遵循同样的规诫："探寻灵魂出窍的那一刻"。面对不可避免的死亡，伊壁鸠鲁主义者们充分享受生活的乐趣，在玻璃、瓷器和银器上装点死亡的符号，就像诗人马修（Martial）所写的那样"欢乐永不停留，它们展翅飞舞。用双手抓住它们，把它们当作你的，紧紧地拥抱它们，即便它们经常溜走……相信我，智者不会说'我将永生'，不用活在遥远的明天，让我们活在当下。"马修曾在一个由图密善皇帝（Domitian）建造的小宴会厅里讲到过这一话题。在这个可以俯瞰奥古斯都和其他罗马皇帝陵墓的房间中，他建议客人们："从我这里，你们可以看到恺撒的圆顶。敲打沙发，呼唤美酒，拿起玫瑰，浸泡在甘露中。伟大的神，奥古斯都，都在嘱咐你们记住死亡。"语言仅是表达这种想法的一个方式。在阿皮亚大道的一所房子内，满地板的马赛克骷髅图案也展示出这种毫不妥协的严肃态度，其中一个

图218
罗马玉髓凹雕，上方标注着"死亡的符号"：一具骷髅坐在骨灰瓮上，手里拿着一个聚宝盆，脚踩在轮子上，头顶有一个铅垂（代表死亡让众生平等），周围环绕着蝴蝶、钳子、罂粟花、钱包、人骨以及点燃火葬柴堆的火炬——这些都是生命终结的残酷提醒。《罗马反基多报》，1736年。

图219 上图
皮埃尔·威利奥特的设计。《金匠戒指手册》，1561年。

图220
公元1世纪罗马尼克洛玛瑙
凹雕戒指，宝石上雕刻丘比
特靠在一个倒放的火炬上，
火焰熄灭，象征着死亡。

手指指向希腊文的训诫"认识自己"；在巴黎卢浮宫中展示的博斯科瑞勒宝藏的银酒杯，是另一个典型案例。除此之外，油灯的数量也通常用来强调时间与死亡的密切联系。镶嵌雕刻宝石的戒指也同样体现出对死亡的关注，戒指上出现的图案包括骷髅、头盖骨、代表灵魂的蝴蝶、将死者的灵魂引向卡戎摆渡到冥河对岸的墨丘利，以及独自冥思或者讲授关于生与死奥秘的哲学家们。其中最常见的是，一个类似丘比特的人手持熄灭的生命火炬。这一形象是常见于石棺上大理石雕刻的微缩版本，标志着灵魂前往祝福之岛的旅程（图220）。

中世纪和文艺复兴

中世纪晚期死亡主题（Memento Mori）再次流行，并结合了基督教"过好善良一生"的教义，应和着严格的道德准则，如《便西拉智训》（28：6）中写道："记住你的结局，让仇恨止息；记住堕落、死亡，请遵守戒律。"为死亡做好准备，不光体现在15世纪伟大的壁画、挂毯以及与葬礼相关的雕塑上，同样出现在手抄本和小物件上面。例如一枚意大利的银戒指，就用拉丁铭文刻着"沉思终点让人睿智"。一枚来自英

图221

《时间之书》的插页——"为逝者祷告的开幕"，由克里斯托弗罗·马略阿纳（Cristoforo Majorana）和他的助手在那不勒斯绘制，1490年。最上方是蛇缠绕在一具正在腐烂的骷髅上，图解《便西拉智训》10：11中的"人死后，所得只有爬虫、野兽和蛆。"

国的戒指，刻有"IOH'ES GODEFRAY"的名字，以及一颗心和两旁的头骨，展示出当时家人和朋友用离别戒指纪念逝者的传统。除了上述这些戒指，还有代表伟大献身的死亡象征戒指，例如爱德华·沙阿爵士（1487年去世）遗留的14枚戒指，全部雕刻着"基督五伤"（图189）。

之后的16世纪，人们持续被骷髅形象提醒死亡的不可避免，房屋的外墙与内部都绘制着警言——"你是我的过往，我是你的将来"。伦敦国家美术馆收藏着一幅1533年霍尔拜因所绘的双人肖像画《大使》，其中一位主人公是法国驻伦敦公使让·德·丁特维尔（Jean de Dinteville），画作中，一件骷髅造型的珠宝别在他的帽子上，还有一颗变形的头骨在他的脚侧。16世纪末，西班牙菲利普二世在埃斯科里亚宫殿的华丽寝宫之下，为他和家人建造了一座坟墓，把"自己终将死亡"铭记于心。1589年法王亨利三世去世后，其遗孀路易斯·德·洛林（Louis de Lorraine）对自己在切尔索卧室的黑墙进行改造，上面画满眼泪、人骨、坟墓以及阴郁的箴言。这种氛围刺激了对同类珠宝和戒指的需求，这些珠宝和戒指上装饰着沙漏、骷髅头和棺材，并用拉丁文或英文铭刻着警句，诸如"为死亡做准备""向死而活""认识自己，就会认识上帝"。

据参考文献记录，莎士比亚戏剧中出现最频繁的是骷髅头。《威尼斯商人》中波西亚说"我宁愿嫁给一个咬着骨头的骷髅头，也不愿嫁给他们其中一个"；《亨利四世》中福斯塔夫

说"不要像个骷髅头一样说话，不要提醒我最终的去处"；而手指上出现一个仰视的骷髅头是记住死亡的最佳方式，《爱的徒劳》中俾隆便将霍罗夫尼斯的脸与"戒指上的骷髅头"做过比较。这样的戒指也可能被用作印章，1537年理查德·莱查登（Richard Rychardin）便用一枚象征死亡的戒指密封了他写给托马斯·克伦威尔（Thomas Cromwell）的信，这枚戒指带有骷髅图案和"你终将死亡"的铭文。1617年约克郡的尼古拉斯·芬内（Nicolas Fenay）留给儿子一枚自己的印章戒指，上面的字母NF代表他的名字，戒指上还刻着一句瞩目的箴言"认识自己"，希望儿子可以睹物思索这句话的价值，明白一个人的自我认知是智慧的开始。

这类戒指也可以用珐琅制成。艾格尼丝·黑尔（Agnes Hale，1554年去世）留下过两种不同类型的戒指，其中留给他侄子的是一枚流泪的眼睛戒指，给他儿子的是骷髅头戒指。保存至今最精致的一枚死亡象征戒指，其盒式戒面呈书本状，盖子中间有一个被蟾蜍和蛇缠绕的头骨，让人想起一句圣经警言"人死后，所得只是爬虫、野兽和蛆。"（《便西拉智训》10：11）。盖子的反面刻着其他的圣经摘录语，盖子下方则有熟睡的小孩、沙漏和骷髅头，戒臂装

图222
41岁的英国绅士汉斯·艾沃斯（Hans Eworth）于1567年绘制的画像，左手食指上戴着一枚死亡戒指。这枚死亡戒指的戒面为六边形，带有白色骷髅头和环绕的一圈铭文，类似形制的死亡戒指还有一些存世。

饰有两组亚当与夏娃的浮雕。指环底部出现的"以诚相握"图案暗示它可能是结婚戒指。因此戒指上的死亡提醒图案旨在提醒这对富裕的夫妇"世间财富本虚无"。还有一些带死亡象征符号的结婚戒指幸存下来，同印章戒指一样，拥有可翻转的戒面。伟大的马丁·路德（Martin Luther）的结婚戒指同样刻着骷髅头，并在戒指外圈雕刻着"圣周六晨祷"中的引言——"时刻思索死亡：噢，死亡，我终有一天会到达那里"。

当时遗嘱中出现越来越多赠予戒指的情况，但是却很少提及戒指的设计细节。不过也有例外，迪厄尼西亚·莱文森（Dionysia Leveson，卒于1560年）留下一些素金戒指，上面刻着直白的"看见它，勿忘我"。安妮·纽迪盖特（Anne Newdigate）则明确在遗嘱中表示"我希望能用10或12先令制作一些黄金戒指，戒指外圈刻着一朵三色堇，象征我父亲的纹章，两侧分别用黑色珐琅绘制我姓名的首字母，以及一句拉丁铭文'死亡是生命的开始。'"

17 世纪

30年战争（1618—1648年）和猖獗的瘟疫造成可怕的死亡率，导致17世纪出现大量的死亡戒指，并留存至今。这些由基督徒佩戴的死亡戒指让牧师杰瑞米·泰勒（Jeremy Taylor）印象深刻，他说："从容地死去是健康活着的人们应当好好学习的一门艺术。在最后一场病前不做死亡准备的人就好像马上要进行公众答辩的人才刚刚开始学习哲学一样。掌握死亡的责任需要学习技能，体会时间、理解虔诚。时刻注视自己的棺材，亲自挖掘自己的坟墓。"

而这种见解与一枚新发现戒指上的箴言相呼应。这枚戒指带有六边形的戒面，上面绘制着白色珐琅骷髅头，并围绕着铭文"记住死亡"，戒面的侧边还有进一步的忠告"学习死亡"。类似的印章戒指会在戒面雕刻骷髅头印章，或者是一具手握飞镖或者沙漏的骷髅。随着时间推移，戒面或是戒臂上开始出现站立的骷髅浮雕，并用台面切工紫水晶和玫瑰切工钻石来装饰戒臂两侧（图223～图226）。有些结婚戒指会被制成紧握的双手托着骷髅头的造型，象征"直到死亡将我们分开"。还有一种特别戏剧化的死亡戒指，戒面上装饰着丑陋的骷髅头，与之背靠背的是一位金发年轻女性的脸，用以提醒年轻和美丽都将以死亡告终。这也是传道书中一段令人毛骨悚然的警示——美丽终将在腐烂与衰败中结束。

骷髅头戒指并非都是简朴的。1689年西班牙王后玛丽·露易丝·奥尔良（Marie-Louise d'Orléans）去世之后，留下的遗物清单中有一枚骷髅头戒指，由祖母绿浮雕制作而成，并将钻石镶嵌在骷髅的眼睛和戒臂上。还有一些骷髅头戒指用玛瑙和紫水晶雕刻而成。骷髅头也不光是镶嵌在戒面中央，有时会出现在戒臂上，置于交叉的腿骨上方。1663年法国皇室珠宝商吉勒·勒盖尔（Gilles Légaré）设计过一枚精美的骷髅戒指，戒指上镶满台面切工的彩色宝石，戒面周围则装饰骷髅头，部分带有蝙蝠翅

图223，图224

17世纪黄金盒子戒指双视图。戒臂装饰着钻石，戒面用白色珐琅绘制骷髅头，置于交叉的腿骨之上。戒面的盒子可以打开，里面是一颗珊瑚制作的桃心，因此这枚戒指象征爱情的同时，也庄重地警示着死亡的不可避免。

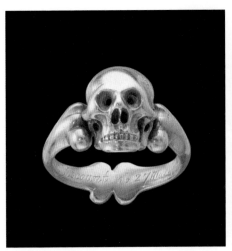 

图225

一枚盒式戒指，指环呈骨头状，戒面的骷髅头可以打开，内藏暗格。大约制作于1700年，被克莫里（Kilmorey）家族收藏，近百年后再次被使用，指环内侧的铭文写着"子爵约翰•尼达姆，1791年5月27日去世，享年81岁"。

图226

17世纪的黄金戒指，戒面是置于交叉腿骨上的白色骷髅头，眼眶中镶嵌玫瑰切工钻石，戒臂镶嵌台面切工钻石。指环是两条相交的黑蛇，参照《便西拉智训》10：11（图221）。

图227
死亡戒指的设计图，由吉
勒·勒盖尔创作，来自他的
《金匠作品目录》，1663年。

图228
19世纪的黄金戒指，参照吉
勒·勒盖尔设计的死亡戒
指（图227），侧面用珐琅
绘制了骷髅头，戒圈还刻画
着十字架、玫瑰念珠和掘墓
工具。这枚戒指和勒盖尔设
计的相似之处体现出19世纪
折衷主义的典型特征。珠宝
匠人可能根据《金匠作品目
录》的打印稿制作出这枚特
殊的戒指。

膀，部分则带着月桂桂冠，戒圈上还布满铲子和锄头等掘墓工具的图案。更阴森的设计则是用两个骷髅组成指圈和戒臂，被骷髅抓住的棺材状戒面可以打开，里面还隐藏着第三具骷髅。

直到17世纪中期，死亡戒指慢慢演变为对逝者的哀悼戒指，以黑色珐琅标注死者的名字缩写、日期、纹章，从虔诚的人生训词慢慢转变为人们的思念。有一些会在葬礼上分发，有一些是遵照遗嘱赠予。其中最主流的款式是由黑色珐琅制作的骷髅指环（图229），有时会带着其他的象征符号，或者一段铭文。铭文通

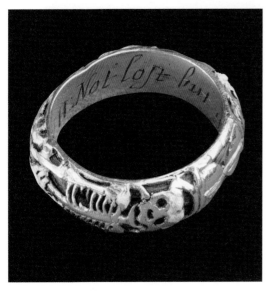

图229
这枚17世纪英国戒指的外侧展示着一具白色珐琅的骷髅、沙漏以及交叉腿骨。内侧铭文写着，"并未消失，只是先行离去"。指环中空的部分有死者的头发。

图230 对页
17世纪晚期的戒面，指环是后期制作，戒面的金丝花押下方是发丝，覆盖整片的厚水晶。

常会使用本国语言或拉丁文，例如来自汉普郡的戒指会刻着斜体字的"安息"以及带有花冠的骷髅头。哀悼戒指可以像圣骨匣一样隐含一束死者的头发；而戒指上出现的是爱心还是骷髅，可以帮助我们区分被思念者是否在世；黑色珐琅无疑象征的是哀悼死者。发丝可能会隐藏在盒子状的戒面里，或者中空的指环内，又或者被一块刻面水晶压在圆形或椭圆形黄金戒面上，并伴有金线弯曲的花押（图230）。1638年，当拉夫·弗尼（Ralph Verney）4岁的女儿安娜·玛丽亚（Anna Maria）去世时，他向他的哥哥亨利承诺："你会收到一枚装着我宝贝女儿头发的戒指……她那么喜欢你，因此我以她的名义将这个交给你保存。"这种呈圣骨匣状、带着骷髅头和交叉腿骨的黑色珐琅戒指，在这个世纪的最后几十年，渐渐成为一种标配。当然这种设计也并非一成不变，约翰·奇切利爵士（John Chicheley，1691年去世）的遗嘱中要求他的执行者给予乔治勋爵（Lord George）"一枚当下最流行的哀悼戒指，带有我的头发和花押。不过这枚戒指两侧需各装饰一颗小钻石，让它看着与众不同"。哀悼戒指不光可以戴在手指上，也可以戴在脖子上，或是用蝴蝶结挂在腰间和手臂上。

18世纪

哀悼仪式在18世纪得到极大的尊重。这不仅仅是表达对一个受人爱戴尊敬的人离去的遗憾，更是对社会赖以形成的单位——家庭的深

图231
这枚约1730年制作的金银混镶戒指，展现出18世纪的死亡戒指更为轻巧和精美的特点。

图232 对页
伦敦珠宝匠希尔（Hill）的商业名片，专业制作发艺和花押的哀悼情感珠宝商之一。图中展示了1791年最流行的设计——帽针，小盒，手链扣，皮带扣和戒指。

刻致敬。寡妇需穿着一年的黑色衣服，期间需遮蔽镜子，使用黑色蜡泥而不是通常的红色蜡泥制作印章，教堂默哀仪式中大部分费用需支付给雕塑家。哀悼戒指的流行程度在18世纪也同样到达巅峰（图231），很多社会地位较高的人士留下大量的哀悼戒指。这样的戒指通常由专业珠宝商制作，他们的宣传广告卡片上会标注"制作精美的哀悼戒指""哀悼戒指和发艺"，或者是"在最短时间内为您制作哀悼戒指"。这类哀悼戒指通常会有一些通用款式。厚片水晶或彩色宝石覆盖戒面，下方放置头发，戒圈部分由五个卷曲纹组成，分别会刻上死者的名字和日期，并根据死者的婚姻状况选择不同的珐琅颜色，未婚人士使用白色（图233），已婚人士使用黑色（图234）。戒面形状会影射死亡象征的符号，例如棺材，或是古典的骨灰瓮——这个符号也同样透露出18世纪下半叶对古希腊古罗马艺术复兴的热忱（图235～图238）。

在古典主义的影响下，更多的古典符号出现在戒指上，例如断柱、方尖碑、穿着古典帷幔在骨灰瓮前哀悼的女人（图239），以及石棺，这些不禁让人想起阿格里皮娜和安德洛玛刻分别为日耳曼尼库斯和赫克托耳的死亡悲恸哭泣的样子。除此之外，椭圆形戒面上出现的流行图案还包括，守护主人墓旁的忠

图233 对页上图
简单的指环铭刻着"海军上将胡斯将军，逝于1761年1月3日，享年74岁"（LIEUT GEN JN HUSKE OB 3 JAN：1761. AET. 74）。1745年，胡斯将军在库洛登战役中击败自称为斯图亚特王朝继承人的查尔斯·爱德华王子（Prince Charles Edward）之后，被任命为泽西总督。白环表示他去世时没有结婚。

图234 对页下图
宽版项圈款式指环，黑色珐琅，铭刻着"安妮·艾伦，逝于1799年2月21日，享年70岁"（ANNE ALLEN OB：21 FEB：1799. AE：70）。另外带有"1791"字样的印记，是英国哀悼戒指的标准款式，一直沿用到19世纪初的前10年。

图235
一枚18世纪中期的哀悼戒指，铺镶钻石的骨灰瓮体现出古典主义艺术的影响力。

图238 对页

一枚哀悼戒指，红宝石、钻石镶嵌的骨灰瓮，置于紫色玑镂珐琅上。背面是一个放头发的小盒。铭文写着"WM·史密斯先生，逝于1793年3月6日，享年61岁"（WM SMITH ESQ OB 6 MARCH 1793 AET 61）。此处偏圆的椭圆形戒面能依稀看出19世纪早期简洁紧凑的风格变化。

图236

一枚哀悼戒指，戒面背底为蓝色珐琅，上面装饰着由白色珐琅和钻石制成的葬礼骨灰瓮，并用钻石包围边缘。这种时髦的椭尖形戒面为气场强大的骨灰瓮提供足够空间，与那些同时期用大理石雕刻死者塑像的做法相似。约1780年。

图237

一枚豪华版的新古典风格哀悼戒指，蓝色珐琅底面装饰一只钻石骨灰瓮，戒面边缘镶嵌钻石。背面铭刻"托马斯·罗伯特先生，逝于1795年9月21日，享年75岁"（THOMAS ROBERTS ESQ OB 21 SEPT 1795 AET 75）。

狗、柏树、垂柳和铭刻着"此生暂别,还复见"的墓碑,还有一捆捆麦穗,仿佛在倾诉圣经中的话语"那些扛着麦穗的归家者,一边哭泣一边歌唱"。最让人痛心的哀悼戒指莫过于记录死于瘟疫和火灾的孩童们,有一枚刻画着七个天使头像的琺琅戒指,再现了1782年伦敦一个家庭在火灾中失去七个孩子(最大9岁)的悲恸。逝者的微绘肖像、剪影以及头发和花押也会组合在一起出现在哀悼戒指上。乔治·华盛顿,美国第一任总统在他的遗嘱中宣布:"我将赠予我的弟媳汉娜·华盛顿,以及米尔德·华盛顿每人一枚价值1000美元的哀悼戒指。这种遗赠并非出于它们的市场价值,而是记录我的缅怀和尊重。"

　　贵族头衔一直是受人尊重的。因此贵族成员的戒指上也会显示对应的花押和皇冠,来体现公爵、侯爵、伯爵、男爵、子爵等不同爵位(图240)。哈雷戒指(Harley ring)是一枚源自王朝后裔的哀悼戒指,就英国而言,很难再找到可以与之媲美的精美戒指。这枚戒指上镶嵌一颗华丽瞩目的蓝宝石(图244~图247)。戒指上的琺琅纹章显示为最高等级的贵族,透露出哈雷家族的历史:他们的祖上原本是赫里福德郡的大地主乡绅,1308年迎娶布兰普顿家族的女继承人玛格丽特,成为威格莫尔的莫提默斯地区的主人,之后死者(亨利·哈雷)的祖父罗伯特·哈雷(Robert Harley,1661—1724年)被受封英国最古老的伯爵封地——牛津。这位哈雷家族的第一任牛津伯爵因投资南海公司而大赚一笔,并在1710—1714年成为保守党政府的领袖。后来伯爵政途受挫而被监禁,重获自由之后,他致力于兴建一所宏伟的图书馆。他的儿子爱德华,第二任牛津伯爵(1689—1741年),同样以此为目标,并迎娶亨利埃塔·卡文迪许夫人(Lady Henrietta Cavendish),她是玛格丽特·卡文迪许(Margaret Cavendish)的独生女,而玛格丽特又是最后一任纽卡斯尔的卡文迪许公爵的共同继承人。哈雷戒指上的纹章同样纪念了这桩婚姻的重要性。他们的儿子亨利(也就是这枚戒指的哀悼对象)的去世,意味着家族财富将由

图240 对页左图
曾经是一枚哀悼戒指的戒面，为纪念1806年去世的第五任德文郡公爵的妻子——乔治安娜。戒面上有她的头发以及钻石拼出的花押GD，字母上下分别是公爵王冠和卡文迪许蛇，强调她的头衔，两侧则写着"姐妹"（SOEUR）和"朋友"（AMIE）。这个戒面后来被改成胸针。

图242，图243
一枚哀悼戒指戒面的双视图，之后被改为胸针。戒面中间有大量深色发丝，边缘镶嵌半圆珍珠，悼念年轻的公爵圣阿尔班斯（St Albans）。他是近卫军的中校，1786年在上议院就职。背面刻着"乔治公爵——圣阿尔班斯，逝于1787年2月16日，享年28岁"（GEORGE DUKE OF S' ALBANS OB: 16 FEB 1787 AET 28）。这枚戒指属于斯图亚特家族的遗物。

图241 对页右图
乔治安娜——德文郡公爵夫人的微绘肖像画，展示她最年轻美貌的时刻，理查德·克斯威绘制，约1780年。

图244～图247
哈雷戒指四视图，这枚戒指是纪念
亨利·哈雷1725年来到世间短暂的4
天生命。戒指背面精美的珐琅纹章
和完美切割的蓝宝石都是顶级工艺
品质的体现，这是一个伟大的英国
家族为纪念早夭的未成年继承人所
做的哀悼戒指。

白色珐琅外圈写着"亨利·卡文迪许·LD. 哈
雷，生于1725年10月18日，逝于1725年10月22日"
（HENRY·CAVENDISH·LD·HARLEY NAT·18·
OC·1725·OB·22·OCT·1725）；戒圈内侧刻着
挽歌"短暂的生命，深刻的悲恸"。戒面下方是
哈雷家族的纹章——牛津伯爵纹章，以及箴言
"美德与忠诚"；戒面侧边的水晶薄片覆盖着去世
孩童的头发，并装饰象征主义的火炬图案。

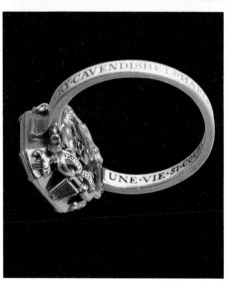

女儿玛格丽特·哈雷（Margaret Harley，1715—1785年）继承，她于1734年嫁给第二任波特兰公爵，并将这座伟大的图书馆捐赠给大英博物馆。这枚戒指展示出一个英国政治文化显贵家族的失落和悲痛，纪念那位短暂来到世上仅4天的继承人。

19 世纪及以后

正如维多利亚女王自1862年艾尔伯特亲王去世后一直身穿黑色服饰直至她1901年去世，人们都始终遵从哀悼的习俗，因此哀悼戒指也一直在被使用。1839年菲茨赫伯特夫人（Mrs Fitzherbert）去世不久后，苏塞克斯公爵（Duke of Sussex）写信去感谢夫人的养女，"这件意义非凡的礼物——一枚哀悼戒指，携带着我已故挚友的发丝……对于她的离去，我无比遗憾。没有人比我更加尊敬和爱戴她，我会将它作为我人生最珍贵的财富之一。"头发在哀悼戒指上的使用，在这一时期被推上最高点（图240，图242），发丝不光被包裹在设计相对简单的黄金珐琅和水晶戒指里，也应用于钻石和彩色宝石的豪华款式中。其中一枚豪华的发丝戒指，来自比利时皇后露易丝·玛丽（Queen Louise-Marie）留给鲁夫尔侯爵夫人（Marquise de Rouvre，她母亲的挚友）的遗赠，"这是一枚镶嵌红宝石和祖母绿的戒指，我时常佩戴，里面有我去世的可怜孩子的发丝"。当时出版的设计图册中展示了各种发丝能够制成的图案，最引人瞩目的有垂柳、柏树和坟墓。

从图册中还可以清楚地感受到，随着胸针和手镯的兴起（图册中展示更多此类珠宝的款式），哀悼戒指正在慢慢衰退。尽管如此，哀悼戒指的款式仍然在发展变化，从19世纪初类似四方形的宽阔立体风格，转变为伯明翰生产工厂向大众推广的大而简洁的款式，后者也更方便于制作个性化的铭文刻字。1861年查尔斯·狄更斯（Charles Dickens）的小说《远大前程》很大程度上影响了中产阶级的喜好。小说中善良的职员韦米克先生似乎"多次丧友，因为他至少戴着四枚哀悼戒指……我还注意到，他的怀表链上还悬挂着好几个印章和戒指"。

这一时期戒指上最受欢迎的符号是三色堇、蛇（图248）和勿忘我，它们取代之前的棺材、头骨以及骷髅。蛇拥有新的含义，不再如过去那样代表尸体的腐败，而是首尾相连组成无尽的圆，象征着永恒。1849年巴黎珠宝商福森为奥古斯特·图雷（Auguste Thuret）制作一枚十字架盒式戒指——"一个巨大的椭圆形黄金哀悼戒指，施以黑色珐琅、十字架图案和'纪念1849'的字样保留金色"，象征着法国天主教的复兴。与过去一样，19世纪的哀悼戒指同样强调头衔，来自皇室或贵族的男士与女士们通常会在戒指上添加自己名字的花押以及对应的皇冠标志（图240，图284，图298～图302）。其中包括伦敦金匠伦德尔·布里奇·伦德尔（Rundell，Bridge and Rundell）在1810年为悼念公主阿米莉亚（Amelia）而制作的戒指（图284，图285）。自1860年起，照片逐渐取代逝者的微绘肖像、玻璃或黄金的印章肖像，例如1862年维多利亚女王为阿尔伯特亲王制作的一批戒指，戒面便是亲王的照片。类似的情况还出现在意大利联合国，第一任国王维克多·伊曼纽尔（Victor Emmanuel，1878年去世）的彩色相片就被放在一枚精美的哀悼戒指中，以此缅怀他。这一时期，人们更多会将哀悼盒串上链子或丝带，佩戴在脖子、手腕上，取代哀悼戒指。按照英国历史学家查尔斯·欧曼（Charles Oman）的说法，哀悼戒指消失的另一个重要原因是附庸风雅。一旦某些习惯太过大众化，社会精英阶层就会开始遗弃它，事实也确实如此，在艾尔伯特亲王去世后，悼念皇室和贵族阶层的哀悼戒指数量开始稳步下降。

当然也有例外，剑桥公爵夫人——维多利亚女王的姨母在弥留之际，把她最喜欢的意大利演唱家托西（Tosti）召唤到她的床前。当公爵夫人认出他时，她紧握住他的手并轻声说道："永远忠诚。"剑桥公爵夫人给他的遗赠不仅包含一笔养老金，还有一枚戒指，戒指上刻着她临终前对他说的话。珠宝商的设计图录偶尔也会出现透露母亲丧子时悲痛心情的案例，例如一枚被玻璃覆盖发丝的哀悼戒指，发丝上方装饰宫廷小皇冠和铭文"玛丽，我们亲爱的小天使，保佑我们吧"。其他象征死亡的符号也在图录中出现，比如丧偶的莫伊那·拉扎列夫·德米道夫公主（Moina Lazarev-Demidoff）将钻石镶嵌在黑色缟玛瑙上，以怀念她1917年被布尔什维克杀害的丈夫。但哀悼的习俗依旧慢慢退出主流，随着死亡率的下降，死亡对人们来说变得越来越遥远，也不再那么恐怖。正是这种情绪上的转变，导致哀悼戒指大幅度减少，除去个别用于纪念母亲丧子的悲痛，哪怕是第一次世界大战造成的屠杀也没能再次重振哀悼戒指。时至今日依旧有人将戒指留给朋友或家人作为纪念，但是这样的戒指已经不再像原来那样易于辨识。

图248
一枚蛇形黄金戒指，装饰着黑色螺旋纹和钻石眼睛，铭刻着"N. M. DE. 罗斯柴尔德，逝于1836年"（N.M.DE ROTHSCHILD OBT 1836）。南森·梅尔·罗斯柴尔德男爵（1777—1836年）是著名银行家族英国分支的创始人。这位金融界的天才将权力和影响力发挥到极致。

第五章
与历史名人大事件
相关的传奇戒指
RINGS ASSOCIATED WITH ILLUSTRIOUS PEOPLE AND GREAT EVENTS

　　纵观历史，君主们犒赏忠诚的部下时，经常把戒指作为一种嘉奖礼物。这一类戒指通常带有君主们的名字、头衔或肖像。受赠者会无比自豪地佩戴这些象征忠诚的戒指，而他们的后代也会妥善保管这些代表着家族荣誉的重要物品。老普林尼观察到，那些戴着罗马皇帝克劳迪亚斯肖像戒指的人可以快速获得皇帝的接见，因此这类带有硬币或者奖章的戒指深受社会高层的青睐。在罗马帝国，皇帝会像授予军事勋章一样，按惯例赠予那些在战争中英勇鏖战的士兵珍贵的黄金戒指。例如刻着康斯坦丁大帝名字的戒指很可能是他赠予一位军官或是政府官员的，并在之后受赠者将其作为一种效忠的徽章佩戴在身上（图251）。

　　这样的传统从未消失。据推测，在争夺英国王位的博斯沃战役中，理查德三世的支持者丢失了一枚带着象征国王的白野猪头黄金印章戒指（参照第一章）。文艺复兴时期的君王们，例如英格兰的亨利八世和伊丽莎白女王，以及法国的亨利四世，他们都会给忠诚的部下颁发带有君王肖像的戒指。如果这些戒指上镶嵌钻石，之后通常会被后代们取下制作到更时髦的珠宝中，这也导致

图249
查理一世的处决，约1650年。人群中有人走近断头台，去收集这位君王受害者的血滴。保皇派崇拜这些沾满鲜血的亚麻布遗物，可能会被制作到戒指或吊坠里。

图250　上图
皮埃尔·威利奥特的设计。《金匠戒指手册》，1561年。

这一类型的戒指现在存世的数量如此之少。不过有一枚被保存完好的例子是瑞典国王古斯塔夫·阿道夫斯（Gustavus Adolphus，1594—1632年）的皇冠花押石榴石凹雕戒指（图252），这是赠送给亚历山大·莱斯利（Alexander Leslie，1580—1661年），第一任列文和梅尔维尔伯爵的礼物，他首先在荷兰对抗西班牙的新教部队中服役，之后又在国王古斯塔夫的统治下表现出色，于1627年9月23日被授予爵位，并于1636年被任命为陆军元帅。这枚戒指保存在他的后代安娜（Anna）和丈夫威廉·斯特灵·麦克斯韦尔（William Stirling Maxwell）制作的精美银盒子里，盒子上面刻着"列文和梅尔维尔伯爵，1870年12月18日，A&WSM"。他们以这种方式保护女方祖先的军事荣耀不会流失于时间长河被人们淡忘。

还有一组重要的戒指，代表着命运多舛的斯图亚特王朝成员。在导致英国内战的前几年时间里，亨利埃特·玛丽亚皇后（Queen Henrietta Maria）向那些借钱资助保皇党的人们分发带有查理一世肖像的戒指、小盒和发夹。在1649年国王被他的国会敌人处决之后，反对国会弑君暴行的人们，以佩戴查理一世的肖像戒指来表达愤懑和对斯图亚特王朝复辟的期望。这些戒指通常是用珐琅制作的，偶尔出现过奖章和宝石雕刻师托马斯·罗林斯（Thomas Rawlins）制作的硬石雕刻版本（图253，图254），雕刻图案大多是仿照安东尼·凡·迪克德（Anthony van Dyck）绘制的肖像画。一部分

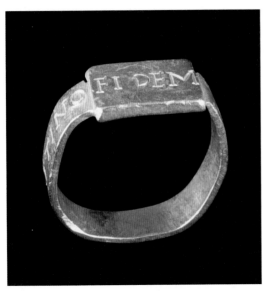

图251
一枚公元4世纪赐予高级军官的黄金戒指，以表彰他对击退敌人的将军的忠诚。扁平的指圈上刻着"康斯坦丁"，长方形戒面上刻着FIDEM，传达着信息"我向（皇帝）康斯坦丁宣誓我的效忠"。

图252 对页
这枚黄金戒指镶嵌石榴石凹雕，凹雕图案是皇冠花押，瑞典国王古斯塔夫·阿道夫斯的名字缩写。国王将这枚戒指赠送给第一任列文和梅尔维尔伯爵，伯爵曾在国王的军队中为保卫新教而战。戒指盒是伯爵后人于1870年制作。

图253，图254
17世纪黄金盒式戒指双视图。戒臂有黑色珐琅卷叶纹，可以开合的戒面镶嵌查理一世半身像的红玉髓凹雕，这是为斯图亚特的支持者而制作的。

保皇派们会公开佩戴这类戒指，还有一部分人会根据时局形势，把它藏在素面的保护壳下。这些查理一世的肖像戒指后来还存续了很长时间，一直到1688年光荣革命之后，他的儿子詹姆斯二世被流放，斯图亚特王朝的追随者们，也就是詹姆斯党人雅各派，继续佩戴着这种戒指以示忠诚（图255）。他们期待詹姆斯二世的后代——他的儿子詹姆斯三世和孙子查尔斯爱德华王子重登英国王位。但在1715年和1745年斯图亚特党人复辟起义时期，这种公开支持其实是相当危险的。在此时政治观点存在很多分歧，尽管有许多人，特别是在苏格兰，都支持重整斯图亚特并认为查理一世是英烈。但另一些人，例如反对斯图亚特反对汉诺威的共和党人塞拉·奈维尔（Sylas Nevile）就认为"让他（查理一世）成为一位圣人简直就是对我们国家的一大罪孽和亵渎"。而那些希望表明他们对于新教进入的忠诚和态度的君主主义者们，则会佩戴威廉三世的肖像戒指（图256）。都柏林的安格鲁爱尔兰人尤其崇敬威廉国王，会在国王生日当天穿戴奥兰治丝带，1773年，努内汉姆子爵夫人（Viscountess Nuneham）从都柏林写信给弗农夫人（Lady Vernon）时提到"为一个已经去世70年的人庆生似乎是一件很奇怪的事情，但是关于国王的回忆在这里如此受到爱戴，以至于他们觉得这是一种最好的致敬方式"。汉诺威王朝的支持者们也会佩戴类似戒指，上面带有乔治一世、乔治二世、乔治三世或乔治四世的肖像。不过，他们的肖像制品不仅仅是提供给精英上层阶级，还包括大众量产的詹姆斯·塔西（James Tassie）制作的玻璃制品和韦奇伍德的陶瓷制品。

图255
金银混镶戒指，戒面展示一
幅查理一世的微绘肖像画，
皇冠上镶嵌玫瑰切工钻石。
这枚18世纪肖像戒指，属于
一位詹姆斯党雅各派人所
有，作为效忠于查理一世的
斯图亚特后人的徽章而佩戴。

图256
约1700年的金银混镶戒指，
椭圆形戒面上是威廉三世的
微绘肖像画（去世于1702
年），两侧戒臂各有三颗玫
瑰切工钻石。戒指主人佩戴
它，象征对1688年新教君主
的效忠。1688年的光荣革
命，驱逐并流放了斯特亚特
王朝的天主教君主詹姆斯二
世，以及他的儿子和孙子。

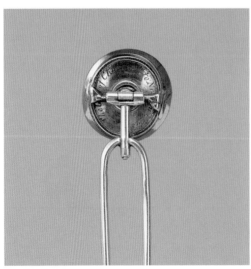

查理二世（1630—1685年）和情妇奈尔·格温妮（Nell Gwynne，1650—1687年）的儿子圣奥尔本公爵（Duke of St Albans）家族代代相传一批具有个人意义而非政治意义的斯图亚特王朝遗物。除了戒指以外，这批珠宝还包括一件用国王送给她的钻石制作的发针（图257，图258），以及查理于1662年和葡萄牙公主——布拉干萨的凯瑟琳（Catherine of Braganza）——大婚时礼服上的银线饰带（图259，图260）。这个银线饰带让人不禁联想到1660年回归的斯图亚特王室，那些华美的礼服。虽然查理二世和凯瑟琳王后没有子嗣，但他有很多私生子，如同圣奥尔本公爵一样，他们为自己的斯图亚特血统感到非常自豪。

图257，图258
钻石团花发针双视图，包含两圈小钻石和中间一颗大钻石。背面刻着"查理二世送给奈尔·格温妮的礼物"。奈尔·格温妮是查理二世的情妇，后来将这些钻石留给她的儿子圣奥尔本公爵。这个团花背后的刻字和金银长针是19世纪早期制作的。

图259, 图260
黄金吊坠盒, 背面刻着: 查
理二世大婚时佩戴的丝带。
1662年, 查理二世与布拉干
萨的凯瑟琳公主结婚时, 模
仿路易十四的宫廷风格, 佩
戴这样的银丝带。这个吊坠
盒是19世纪为这件纪念物而
制作的。

图261
微绘肖像戒指，约1675年。这枚带有镂空戒臂的金银混镶戒指，戒面镶嵌彼时的约克公爵也是未来的詹姆斯二世（1633—1701年）的肖像画。当年的约克公爵大人——查理二世的兄弟和继承人，很可能把这件精美的肖像作品送给某位复辟斯图亚特王朝的支持者，然后在后一个世纪被雅各派追随者重新进行镶嵌。

在18世纪，英国和欧洲大陆的君主们将戒指赠予他们的亲信（图261），以纪念某个对国家重要的事件。然而，这些戒指除非是有文献记录在案，否则今天我们只能通过上面的符号、花押和铭文去辨识。其中一枚，在明亮的蓝色珐琅底上用玫瑰工钻石镶嵌的皇冠字母G，还有铭文日期"1772年8月21日"，这枚戒指是瑞典国王古斯塔夫三世用来纪念自己成功制服贵族寡头势力企图削弱王权的政变。法国同其他地方一样，君主的支持者们不光会有皇室授予的戒指，还会自己去订制这样的戒指以彰显忠诚。根据皇室珠宝商奥贝特的记录，曾经在1768年和1773年分别为贵族客户拉冯丹先生（Monsieur de La Fontaine）和马尔桑伯爵夫人（Comtesse de Marsan）分别制作过以红玉髓为底、象牙雕刻的路易十五肖像戒指。1769年奥贝特还为帕尔先生（Monsieur de Pair）制作过一枚可翻转戒指，戒指的一面是路易十五肖像，另一面则是他的祖先——波旁王朝创建者亨利四世。1775年的法国杂志*Le Mercure*中还告诉读者可以在小敦刻尔克的格兰彻找到"玻璃镶嵌的、罗马风格的浮雕珐琅肖像戒指，有国王王后的，还有亨利四世，以及罗马皇帝和皇后等，大师制作，形象逼真，价值36里弗"。尽管大多数肖像戒指都是像这样以罗马风格进行镶嵌，但某些奥贝特的作品底托则是围绕一圈玫瑰切工或明亮式切工的钻石边框。

皇室婚姻的体面和重要性也体现在戒指上，来参加婚礼的人会得到带有皇室新人名字花押或肖像的戒指作为礼物，并将它们作为传家宝珍藏。因此，在未来的路易十六和奥地利公主玛丽·安托瓦内特的婚礼上，制作有新人夫妇微绘肖像画的戒指被赠送给女傧相们。莱拉·冯·迈斯特（Leila von Meister）的夫家家族里便拥有一枚这样的戒指。第一次世界大战之前，柏林的一场化装舞会上，她穿戴一身18世纪的装扮，效仿勒布伦油画中凡尔赛宫里的玛丽·安托瓦内特，并郑重地佩戴上这枚戒指。皇帝威廉二世和皇后都被戒指深深地震惊了，于是莱拉不得不将它取下来给二位欣赏。当年法国皇室的重大事件纪念戒指还包括一枚"苍穹"戒指，在皇家蓝珐琅背景上镶嵌无数小钻石的戒指，整个戒面如同午夜闪耀的星空，这是为庆贺皇后玛丽·安托瓦内特的怀孕；另一枚镶嵌巨大钻石的"分娩"戒指，是为了纪念1785年皇太子的诞生。1787年，路易十六的妹妹，伊丽莎白夫人向皇室珠宝商奥贝特订制过一枚罗马风格戒托的"分娩"戒指，凸起的水晶戒面中间镶嵌一颗钻石。

　　法国大革命事件的支持者和反对者会佩戴不同主题的戒指作为标志。根利斯夫人（Madame de Genlis）对1789年攻占巴士底狱事件印象深刻，她用城堡墙壁上的石头打磨抛光，镶嵌成珠宝，其他一些人则会佩戴有革命者马拉（Marat）和勒·佩尔蒂埃（Le Pelletier）肖像的戒指。而在保皇党一方，他们会佩戴那种圣骨匣戒指，将被处决的皇室成员的头发放置其中，或是藏着路易十六、路易十七、路易十八肖像的戒指，同时还会使用象征波旁家族的"鸢尾花"图案，以表达对于皇室的忠诚。

　　拿破仑执政之初，为了建立威望和奖励忠臣，也订制过带有他名字花押和星芒蜜蜂图案的戒指。1815年帝国灭亡之后带有他肖像的戒指不减反增，后来他被流放，于1821年死在圣赫勒拿岛，而大量的纪念戒指还在一直延续着拿破仑的传奇。这些戒指通常是展示一个小纪念章，或是玻璃肖像画，又或是一艘三桅船带着铭文"他会归来"，还有珐琅装饰的菊花——菊花被认为是与拿破仑相关的花卉。当他的遗体于1841年被运回巴黎，大量人群涌上街头，人们愈发渴望珍藏一枚与这位伟大帝王相关的纪念戒指。一位美国银行家的妻子宾汉姆夫人（Mrs Bingham）是拿破仑的忠实崇拜者，她特意向J. B. 福辛订购一枚戒指用以存放她从拿破仑党人处获得的拿破仑遗物。这是一枚罗马风格金棺形状的开盒戒指，戒面镶嵌的水晶中间雕刻着拿破仑的名字缩写字母N，戒臂是黑色珐琅的蜜蜂，盒内陈放着拿破仑的头发或是他乌木棺的一小片碎屑。

　　如同所有波旁王朝的历任君王一样，复辟君主路易十八也喜欢将自己手上的戒指取下来奖励给那些令他愉悦的人。最后的馈赠发生在他去世前的病榻上，正在被病痛折磨的路易十八，问那个试图安慰他的年轻侍从，兰斯洛特·图尔平（Lancelot de Turpin），"这么说你爱你的国王是么？"然后紧接着"收下这个，并记住你的国王！"之后这枚戒指一直被图尔平家族保存在安格里城堡（Château d'Angrie）。法国王室的奥尔良分支在路易·菲利普（1830—1848年）统治期间也一直保持着这一传统，他在戒指上制作自己的花押，以标志的浪漫主义风格，用玫瑰切工钻石嵌入哥特式字母，并衬托在皇家蓝珐琅戒面上。1848年之后，拿破仑三世也效仿叔父拿破仑的做法，制作带有帝国皇冠字母N的戒指，奖励给那些表现突出的人。但是这种长期的法国皇家习俗，最终伴随着1871年法兰西第三共和国的成立而终结。

加冕典礼是另外一个君主向前来参加典礼的人分发戒指的重要场合。仪式上，君王承诺将奉献自己，为他（她）的子民服务。这些戒指的设计造型各异。当德文郡公爵出席乔治四世的加冕礼时，他得到的是刻着箴言"国王万岁"以及皇家肖像的卡梅奥浮雕戒指（图262，图263）。而在1825年的莫斯科，当他作为乔治四世的私人代表出席沙皇尼古拉斯一世的加冕礼时，公爵大人同样收到一份纪念物，是一枚镶嵌欧泊和钻石的戒指，但是上面没有任何铭文或标志（图264）。还有一枚由钻石覆盖的威廉四世微绘肖像画戒指，则是另一种非常特别的王室象征（图265）。最富想象力的设计，还要数1838年维多利亚女王加冕礼上，一群负责女王裙拖且出身高贵的年轻女性获得的戒指，每一枚戒指上都镶嵌一颗来历非凡的钻石，全部取自拆除英国国王旧王冠来制作年轻女王新王冠时剩余的钻石颗粒（图268）。1902年爱德华七世在他的加冕礼上也遵循这一传统，将他的肖像戒指分发

图262，图263

黄金戒指双视图。这是1821年乔治四世在加冕礼上送出的其中一枚戒指，伦德尔·布里奇·伦德尔制作。宽版戒圈由九个部分组成，每一部分都用皇家蓝珐琅写着一个字母，拼在一起是"国王万岁"。戒面是镶嵌着国王肖像的玛瑙卡梅奥。国王当时将这枚特殊的戒指赠送给第六任德文郡公爵。根据詹姆斯·麦肯锡爵士（Sir James Mackenzie）的回忆录记载，1816年德文郡公爵从巴黎带回一只狮子狗宠物，狗曾经的主人是一位共和党人，每当这只狗听到"国王万岁"这句话，就会咆哮不止。

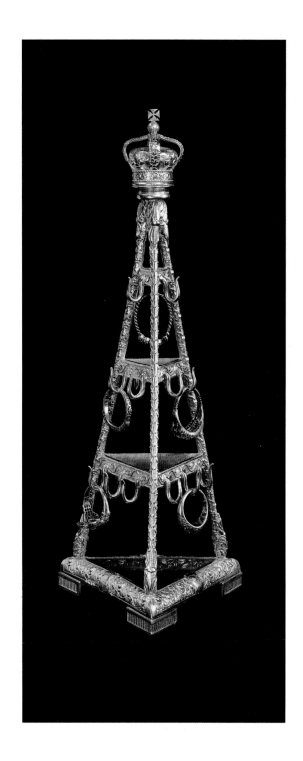

图264 上图
沙皇尼古拉斯一世赠予第六任德文郡公爵的戒
指，公爵于1825年代表乔治四世前往莫斯科出席
沙皇的加冕仪式。多色的黄金花朵装饰着整个指
圈，戒面镶嵌欧泊和一圈明亮式切工钻石。公爵
大人的华服令当时的新任沙皇印象深刻，二者后
来成为好友。

图265 左下图
金银混镶戒指，钻石戒面覆盖着威廉四世微绘肖像
画，周围是钻石镶嵌的边框，戒臂也是钻石花叶。
尽管并不如他的兄弟乔治四世品位出众，这枚大约
制作于1831年的戒指却显示出他的皇家气派。

图266 右图
威廉四世的妻子，阿德莱德皇后的黄金戒指架，
伦德尔·布兰奇·伦德尔制作，1827年。支架上
錾刻着代表英格兰、爱尔兰以及苏格兰的图案，
顶端是皇室皇冠。皇后一定曾经非常愉悦地在这
件精美的戒指架上挑选戒指。

图267

一幅描绘1838年威斯敏斯特大教堂中
维多利亚女王加冕礼的印刷物，女王
的长裙被8位英国最显贵的贵族家庭挑
选出来的年轻女性托着。因为汉诺威
王朝前任君王们的王冠对年轻女王来
说都太沉重，因此女王重新为自己的
加冕礼特制了一顶新的王冠。

图269

黄金盒式戒指，戒面是钻石覆盖的爱德华七世微绘肖像画，围镶钻石边框，戒臂两侧分别加冕的花押字母A和字母E。这枚华丽精美的戒指制作于约1902年，作为礼物赠送给国王亲密的人，展示出爱德华七世对仪式、装饰主义的奢华品位。

图268

这枚黄金戒指是维多利亚女王加冕礼上赠送给负责女王裙拖的8位年轻女性的礼物之一。戒臂装饰蓝色珐琅扣结，镶嵌深色台面切工钻石，指环内侧雕刻着"来自英国王冠的古老钻石，VR（字母上方装饰皇冠，代表维多利亚女王）加冕于1838年6月28日"。

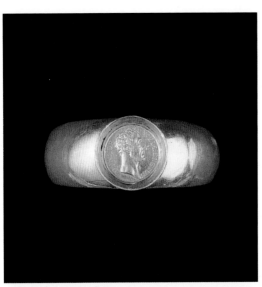

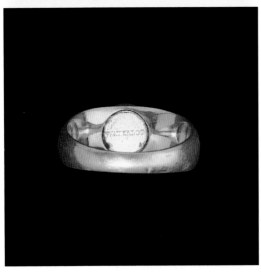

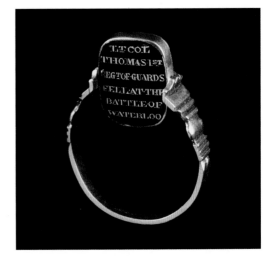

图270，图271 左上图和左下图
威灵顿公爵亚瑟·威尔斯利
（Arthur Wellesley）的侧面肖像
黄金戒指双视图，背面写着滑
铁卢，1815年的滑铁卢战役中威
灵顿和联军击败拿破仑的军队。
1852年公爵去世后，这类戒指被
分发赠送给他的众多崇拜者。

图272 右图
1815年黄金戒指，旋转
戒面的长方形铭牌用珐
琅书写的黑体字"第一
兵团托马斯中校在滑
铁卢战役中阵亡"。对
威灵顿公爵而言，以战
士的牺牲作为胜利的代
价，令人悲恸。

到整个欧洲，标志着属于他的统治时代的来临（图269）。

人们喜欢将自己崇拜的名人肖像制作成戒指佩戴，例如在特拉法尔加战役和在滑铁卢战役中接连击败拿破仑的纳尔逊勋爵和威灵顿公爵，这类崇拜戒指的存世数量很好地反映出这些国家英雄们当年的受欢迎程度。而后，这一悠久的欧洲传统被美国人沿用了。敬慕者们佩戴全能天才本杰明·富兰克林（Benjamin Franklin，1706—1790年）的微绘肖像戒指，本杰明·富兰克林——美国政治家、外交家、科学家，美国独立战争的伟大英雄之一，在美国以及欧洲都享有盛誉（图273）。美国名人当然还包括美国第一任总统乔治·华盛顿（1732—1799年），他去世后被尊为"国父"，费城的珠宝商们制作出大量他的肖像戒指，一部分是基于吉尔伯特·斯图尔特（Gilbert Stuart）绘制的肖像画，一部分是基于查尔斯·B·J的雕刻。约翰·杜穆特（John B.Dumoutet）在1800年1月27日《联邦公报》上刊登广告"已故的华盛顿将军一身戎装纪念戒指，惟妙惟肖，库存充足热销中"。后来，他还宣称自己的产品与那些市场上鱼目混珠的总统肖像戒指不同，因为他是费城唯一拥有正版画像刻板的珠宝商。在纽约，约翰·库克公司（John Cook and Co.）同样宣称，他们用于盒式珠宝和戒指上的已故将军微绘肖像画是经过授权的（图274）。戈尔·维达尔（Gore Vidal）在他的历史小说《帝国》中隐晦地指出这种戒指的神秘之处：约

图273
本杰明·富兰克林的微绘半身像黄金戒指，象牙板绘制，镶嵌在玻璃下。黄金与蓝白珐琅线条边框，1800—1850年制作。

翰·海伊（John Hay）在威廉·迈金利（William McKinley）的总统就职前夜赠送给他一枚金戒指，里面藏着一绺华盛顿的头发，刻着字母缩写GW和WM，暗示他会成为华盛顿的接班人。后来，迈金利总统承认他几乎总是戴着这枚戒指，希望它能给自己带来好运。

作为乔治·华盛顿的传记作者，以及第一个在欧洲赢得文学声誉的美国人，华盛顿·欧文（1783—1859年）一直是美国作家中的佼佼者，其中有一枚微绘肖像戒指被认为是他的画像（图275）。除他之外，崇拜者们一直都热衷于用戒指纪念自己喜爱的文学大师们，包括荷马、但丁、阿里奥斯托、塔索、莎士比亚、弥尔顿、彼特拉克等。这些戒指的主人通常也是作家或者诗人，并宣称他们的灵感可能就来源于手指上的这些肖像画。例如，法国诗人阿尔方思·德·拉马丁（Alphonse de Lamartine）一生都戴着一枚黄金戒指，戒指里保存着彼特拉克在费拉拉为自己建造的屋墙上的碎片。还有画家泽维尔·帕斯卡尔·法布尔（Xavier Pascale Fabre）在1796年创作的一幅油画中，非常瞩目地描绘出意大利诗人维托里奥·阿尔菲耶里（Vittorio Alfieri，1749—1803年）的手上佩戴着一枚但丁肖像的凹雕戒指。还有一些戒指刻画的是文学作品中的人物，并展示他们人生中的某个重大事件。其中一枚铭刻日期为1810年5月3日的戒指，戒面的卡梅奥展示着利安得正在游过赫勒斯滂海峡，而他的爱人海洛（阿弗洛狄忒的女祭司）也在远远注视着他（图

图274
乔治·华盛顿（1732—1799年）的微绘半身像黄金戒指，象牙板绘制，镶嵌在玻璃下，1800—1850年。作为军人和政治家，美国"国父"华盛顿为后续年代的美国总统设立了标杆。

图275 对页
黄金戒指，约1850年。戒面据说是美国作家华盛顿·欧文的半身像，象牙板绘制，上面覆盖玻璃。

图276
诗人拜伦的画像，理查德·维斯托（Richard Westall）绘制。他衬衫上的胸针镶嵌着卡梅奥，明确显示出他对雕刻宝石的喜爱。

277）。这枚戒指属于诗人拜伦（Lord Byron，图276），而且意义重大，因为在这一天拜伦用1小时10分钟完成了利安得的这一壮举，并为此感到无比骄傲。他在给友人的一封信里写道：

> 我唯一非凡的个人成就，就是5月3日
> 这天，从塞斯托斯游到了阿比多斯。
> 你们或许不以为然，但重复先人的不
> 朽之举，作为现代人的我深以为豪，
> 虽然没有情人在登岸时来安慰我，但
> 这一切已是自己最好的证明。

因为拜伦非常热爱佩戴和赠送戒指，同时对纪念物品也特别感兴趣，所以将这枚戒指与他联系在一起似乎是天经地义再合理不过的事情。除此之外，他还在1813年4月8日给墨尔本夫人（Lady Melbourne）的书信中提到，自己送给卡罗林·兰姆夫人的"约会戒指"在他们吵架后被对方退回。这枚卡梅奥戒指的制造商很可能是邦德街上的珠宝商威格曼（Wirgman），因为拜伦在书信中也有提及；而卡梅奥所描绘的场景则是基于罗马的大理石浮雕和宝石雕刻，其印刷品传入到伦敦著名宝石雕刻家爱德华·伯奇（Edward Burch）周围的小圈子里。另外一位与拜伦同时期的诗人，珀西·比希·雪

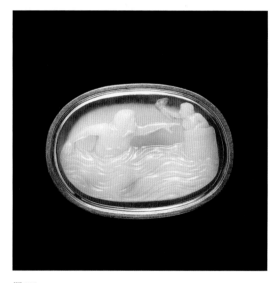

图277
这枚戒指的罗马风格戒面上镶嵌着玛瑙卡梅奥，图案是利安得正在游过赫勒斯滂海峡，而海洛正在塔上望着他。戒面背后刻着1810年5月3日，这一天拜伦以1小时10分钟重现跨海的壮举。

图278，图279

黄金纪念戒指双视图，刻着"珀西·比希·雪莱，1822"。戒面镶嵌一枚玉髓凹雕，描绘的是一个穿着古典幔纱的女人面对着一条攀爬在树或是柱子上的蛇，可能是海吉娅，埃斯库拉皮乌斯的女儿。受古典艺术启发，雪莱在罗马卡拉卡拉浴场的废墟上，完成他的杰作《解放的普罗米修斯》。凹雕宝石很可能来自罗马，指环19世纪制作。

莱（Percy Bysshe Shelley），于1822年在拉斯佩齐亚海岸不幸溺水身亡。一枚考古复兴风格黄金戒指的背面刻着他的名字，戒面镶嵌玉髓宝石凹雕，雪莱在意大利旅行时极大可能也曾经购买过这一类型的雕刻宝石（图278，图279）。

时间推移到较为近代，西格蒙德·弗洛伊德（Sigmund Freud，图280）重拾这一传统。当欧内斯特·琼斯（Ernest Jones）提议他成立一个门生团体后，弗洛伊德回复说自己非常乐意接受这个建议，并决定要选出最优秀、最值得信赖的学生来负责精神分析学的进一步发展。此后不久，1912年，他开始赠送给自己最亲近的学生们镶嵌有古代凹雕宝石的戒指，这也反映出他对古代艺术的热爱。他还为自己制作了一枚印章戒指，同样镶嵌着古代的凹雕宝石（图281）。这个"小团体"的成员包括弗洛伊德自己，卡尔·亚伯拉罕（Karl Abraham），桑多尔·费伦奇（Sandor Ferenczi），欧内斯特·琼斯（Ernest Jones），奥托·兰克（Otto Rank）和1919年加入的马克斯·艾丁顿（Max Eitingon）。面对来自阿德勒（Adler）和荣格（Jung）的背叛以及其他方面的指责，他们聚集在一起支持弗洛伊德。后来弗洛伊德在1928年写给德国精神分析学家恩斯特·西梅尔（Ernst Simmel）的信中附赠给对方一枚戒指（图282），并表达出自己的初衷："很久以前这些戒指象征着特权和荣耀，而今代表一群团结在一起致力于精神分析学的人……我与你一起重拾旧礼……万物皆可能消失，但精神永存，或寻求其他方式延续。所以请不要被眼下的一切所困扰，这枚戒指象征着念念不忘必有回响，请常年佩戴它作为对愿为你奉献一切的弗洛伊德的回忆。"明白这些戒指对于弗洛伊德的意义以后，当法国精神分析家——希腊的乔治公主（娘家姓——波拿巴），于1929年收到弗洛伊德赠送给她的戒指时，她为先生对她的这一份敬意深感荣幸。

图280
西格蒙德·弗洛伊德在他的
书桌前，曼克斯·勃洛克
(Max Pollock) 绘制，1914年。

图282
银戒指。镶嵌罗马尼科洛玻
璃凹雕，画面是一个农夫注
视着两只山羊，其中一只栖
息在树荫下的岩石上。这是
西格蒙德·弗洛伊德赠送给
最亲密的同僚和朋友的戒指
之一，这枚属于恩斯特·西
梅尔，柏林精神分析家。

图281
西格蒙德·弗洛伊德的印章
戒指，镶嵌一颗公元1世纪
的红玉髓凹雕，画面是胜利
女神正在为朱庇特加冕，密
涅瓦在一旁注视。之后被弗
洛伊德的女儿改成胸针。

图283

恩斯特·奥古斯特二世
（1771—1851年）肖像画，
汉诺威国王，英国国王乔治
三世的儿子，路易-安米·
布朗（Louis-Ammy Blanc）
绘制，1841年。画中他穿着
军服——完美符合他期望展
示给公众的形象，一位认真
负责的独裁主义统治者，并
为自己的皇室身份感到自
豪。他的戒指收藏也同样反
映出他的这些性格特点。

汉诺威的印章戒指，纪念戒指，以及肖像戒指收藏

有一组珍贵的戒指流传至今，它们曾同属于恩斯特·奥古斯特（Ernest Augustus），他的头衔和荣誉包括坎伯兰公爵（1771—1851年）、嘉德骑士（1786年）、普鲁士黑鹰红鹰勋章和圣帕特里克勋章（1821年），以及汉诺威国王。他是乔治三世和夏洛特皇后的第五个儿子，也是最聪明的一个。因为4个哥哥的先后去世，他哥哥肯特公爵唯一的孩子——维多利亚公主在1837年威廉四世去世后成为英国女王，但是根据汉诺威施行的《萨利克继承法》（禁止女性继承王位），威廉四世名下的汉诺威王位只能由时年66岁的他作为恩斯特·奥古斯特二世继承。

这一继位，结束了汉诺威和英国王室之间的官方共主联盟，联盟由1701年《殖民法案》确立，目的是在1688年光荣革命废黜詹姆斯二世并将之流放后，确保英国的新教君主制。当年根据这一法案，汉诺威、布伦瑞克和吕内堡的选帝侯乔治，即选帝侯索菲娅（1630—1714年）的儿子、詹姆斯一世的曾外孙，在1714年安妮女王去世后，被宣布成为英国国王。虽然乔治一世和他的儿子乔治二世的确有在两个国家之间交替生活，但是乔治三世从未去过汉诺威。尽管如此，他和妻子夏洛特皇后私底下却喜欢称呼自己是韦尔夫先生和韦尔夫太太，他们的儿子剑桥公爵也曾经在汉诺威生活过数年，而威廉四世也一直被称为威廉·韦尔夫，令人想起他的汉诺威血统。关于韦尔夫的最早记录可以追溯到公元9世纪，韦尔夫（狼的意思）王朝就已经是神圣罗马帝国最主要的王朝之一。这一脉以自己是狮子亨利（Henry the Lion，1129—1195年）的后裔而自豪，期间家族历经兴衰起落，直到17世纪，恩斯特·奥古斯特与帕拉廷的索菲娅结婚，之后继承了新建的汉诺威选侯国。

恩斯特·奥古斯特二世的妻子是英勇的普鲁士皇后露易丝（Louise of Prussia）的妹妹，曾两度守寡。他本人也是一个令人生畏的人物，一只眼睛失明，脸上有明显的刀疤，伴随各种传闻包括谋杀他的贴身侍从，因此他的继位一开始不可能受到很热情的欢迎。然而，通过之后的独裁统治，他成功地启动刑法改革，鼓励工业发展，实现农业现代化，使他的王国获得稳定和繁荣，也成为整个欧洲大陆极少没有受到1848年一系列共和派革命影响的国家。除此之外，他还是一个艺术爱好者，热衷于收藏绘画、雕塑、瓷器、银器和古代大理石雕塑。多年来，他一直坚持自己的权利，声称他的侄女维多利亚女王，在法律上无权占有英国王冠上的钻石，直到最后英国法庭将钻石授予汉诺威。他的成就得到德国人的认可，在他去世后德国人在汉诺威树立起一座国王骑马的雕像，并在雕像底座上铭刻："忠诚的人民向伟大国父致敬"。

该收藏系列展示出19世纪上半叶，当君主制依然存立于革命浪潮之上，戒指在王室成员生活中的重要性。他的后世子孙们将这个系列保存在一个红木镍银盒子里，这是对一位开明勤政的统治者能力和品位的纪念。令人惊叹的是，这些藏品也无一例外地记录下王室的历史背景和发展命运。

其中九枚戒指是悼念他的父亲，叔叔，兄弟和妹妹阿米莉亚公主（Princess Amelia）。阿米莉亚是乔治三世最小和最喜欢的孩子，父王因她的死悲痛欲绝进而疯癫。公主弥留之际，曾将一枚装有自己头发的戒指戴在恩斯特·奥古斯特手上，说道"记住我"（图284，图285）。这些戒指，按照她的意愿设计，后由威尔士亲王委托伦德尔·布里奇·伦德尔制作，在温莎城堡举行公主葬礼之后分发给亲人和朋友。

图284、图285
黄金纪念戒指，由威尔士亲王订制，为悼念他的妹妹阿米莉亚公主，由皇室珠宝商伦德尔·布里奇·伦德尔制作，1810年。白色指环铭刻着"阿米莉亚 卒于1810年11月2日，27岁"，戒面是带着皇冠的花押字母A，边框上写着"记住我"。

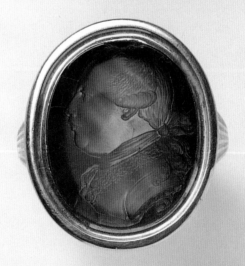

另外两枚是乔治三世的肖像戒指，忠诚的臣民会佩戴这种款式，以展示他们对汉诺威君主统治的支持（图286，图289）。乔治三世的弟弟，约克和格罗斯特公爵的肖像被制作成红玉髓凹雕镶嵌在戒指上，这些应该是伦敦宝石雕刻师的作品（图287，图288）。恩斯特·奥古斯特的哥哥乔治四世，把对英国击败拿破仑的胜利自豪感反映在一枚纪念他1821年加冕的戒指上，他把自己的肖像塑造成罗马皇帝一样，戴着月桂冠冕（图291）。这位新国王急于在加冕礼上表现出大家庭的团结，兄弟姐妹悉数到场，这枚标注有日期的戒指极有可能就是这一时刻的见证。另一枚乔治四世的宝石凹雕肖像戒指，同样使用相似的军事造型（图292）。

图286 对页上图
黄金戒指镶嵌红玉髓凹雕宝石，图案是年轻时期的格罗斯特公爵威廉·亨利（William Henry，1743—1805年）的半身像。

图287 对页下图
黄金戒指镶嵌约克公爵爱德华·奥古斯特（Edward Augustus，1739—1767年）的凹雕半身像。

图288
黄金戒指镶嵌红玉髓凹雕宝石，图案是1759年成人礼上未来的乔治三世半身像。

图289 对页左上图
黄金戒指镶嵌的白色玻璃卡梅奥，乔治三世半身像。在法国革命威胁到国内体制的那段时期，这种类型的卡梅奥由詹姆斯·塔西（James Tassie）制作给党派人士以表达他们对英国王室的效忠。英国，约1790年。

图290 对页右上图
黄金戒指镶嵌白色玻璃卡梅奥，汉诺威王室成员半身像。这枚卡梅奥设置于血石基座上，背面有一个可以保存头发的位置。英国，约1800年。

图291 对页下图
黄金戒指戒面上镶嵌乔治四世的玛瑙卡梅奥半身像。背面刻着GEORGIUS IV D G BRIT REX MDCCXXI，意思是"乔治四世蒙上帝恩典英国国王1821"。国王很可能将这枚戒指作为1821年加冕礼的纪念品赠予他的弟弟。

图292 上图
黄金戒指镶嵌血石凹雕。凹雕画面是乔治四世的半身像，头戴月桂冠，肩膀挂着垂幔，约1820年制作。月桂冠显示出国王对于英国战胜拿破仑的自豪感。

图293
腓特烈二世，普鲁士国王，也被称为腓特烈大帝。这枚18世纪玛瑙卡梅奥半身像黄金戒指是人们为纪念他而创作的，外圈镶嵌石榴石。腓特烈二世作为现代历史上最伟大的人物之一，恩斯特·奥古斯特二世非常崇拜他。

恩斯特·奥古斯特本人还是一名骁勇的军人，他对普鲁士腓特烈二世（Frederick II of Prussia，1712—1786年）的崇敬体现在收藏的两枚肖像戒指上。一枚是卡梅奥浮雕宝石肖像（图293），另一枚是老年清瘦之后的微绘肖像画（图294）。腓特烈二世不仅是一位军事天才，也是那个时代最卓越的君王。他被誉为现代历史上最杰出的人物之一，其一生都保持着非凡的智慧和敏锐的判断力，是为数不多可以被称为"大帝"的统治者之一。

恩斯特·奥古斯特对于古典艺术的兴趣也表现在他的戒指收藏里。其中包括一枚诗人荷马的

图294
这枚18世纪的黄金戒指仍然是以腓特烈二世为主题，戒臂是植物形状的装饰。他的帽子上别着钻石胸针，蓝色制服红色边饰，胸前戴着星形勋章。即使在晚年，腓特烈二世仍然保持着他的智慧和判断力。

红玉髓凹雕半身像印章戒指（图295），肖像图案取材于现存于大英博物馆的荷马大理石雕像。作为希腊史诗《伊利亚特》的作者，高尚的荷马受到所有古典文学爱好者的敬仰。另外一件凹雕作品是法国皇家收藏的著名海蓝宝凹雕的复刻品。原作有罗马帝国御用工匠埃沃杜斯（EVODUS）署名，凹雕人物据推认应该是茱莉亚，提图斯皇帝的女儿（图296）。无独有偶，经常会有宝石的爱好者们委托当时的工匠去复刻自己喜爱的某件经典作品。而作为国王自己封印个人信件的印章戒指，他一定曾经使用过这些带有哥特式字母的宝石凹雕，然而可惜的是，很多字母的意思我们现在已经无从考证（图297）。

图295 右上图
这枚18世纪戒指的罗马风格戒面镶嵌红玉髓凹雕的荷马头像。作为乔治三世最聪明的孩子，恩斯特·奥古斯特二世一定接受过古典文化教育，阅读过荷马史诗。

图296 右下图
18世纪黄金戒指镶嵌茱莉亚半身像的雕刻宝石。茱莉亚，提图斯皇帝的女儿，此处前额留有细密的卷发，脑后的辫发挽成发髻，头戴皇冠、耳环和项链。这是一件著名的海蓝宝雕刻收藏的复制品，原作有埃沃杜斯的签名，现保存在巴黎法国国家图书馆徽章陈列室。

图297

19世纪黄金戒指，罗马风格戒面镶嵌血石凹雕，
哥特字母铭文 CEN/NCE/ENC，很可能是关于美
好祝愿的短语。

恩斯特·奥古斯特每天至少需要两个小时处理大量私人信件，由于那时胶粘信封尚未出现，所以他的印章肯定会被频繁使用。虽然17世纪和18世纪印章被大量用在表链或丝带上，但国王的这些收藏成为印章戒指复兴的有力证据。因为是皇室用品，所以也一定体现了19世纪上半叶的顶尖工艺，以及高水准的纹章雕刻。这些华丽的印章戒指如同纪念碑一样展示出恩斯特·奥古斯特的尊贵地位，以及他作为欧洲主要骑士团的成员身份。最常出现的图案是一匹跳跃的马，这是汉诺威王朝的象征，显示他们与韦尔夫先祖的关联（图299，图303~图304），作为韦尔夫夫妇的儿子，恩斯特·奥古斯特从童年开始就对这一标志有着深刻认知。这些戒指贯穿恩斯特·奥古斯特人生的各个时期，包括他作为皇室公爵的岁月，他作为骑士团成员的各种任命（图298，图300，图301），以及最终登上汉诺威王位的

图299
这枚黄金戒指的戒臂装饰了盔甲，戒面镶嵌血石凹雕，图案是布伦瑞克-吕内堡的王室徽章，环绕着吊袜带和座右铭，上方是欧洲大陆皇家皇冠。这枚戒指是恩斯特·奥古斯特1837年登基之后制作的，戒臂上的盔甲显示出他的军事兴趣。

图298
黄金戒指镶嵌玉髓凹雕，恩斯特·奥古斯特成为汉诺威国王之前使用的徽章，上方装饰英国皇室公爵的王冠标志。18世纪晚期—19世纪初。

图300
罗马风格的黄金戒指戒面镶嵌黄色石英凹雕，图案上包括英格兰、苏格兰、爱尔兰、布伦瑞克、吕内堡和汉诺威的盾形纹章，环绕吊袜带，上方是英国皇家公爵王冠。18世纪晚期—19世纪初。

图301
黄金戒指，八边形戒面镶嵌红玉髓凹雕，盾形纹章包括英格兰、苏格兰、布伦瑞克、吕内堡和汉诺威，查理曼大帝的皇冠环绕在吊袜带中，外围是巴斯勋章的领圈下方悬挂着四个十字勋章，上方是英国皇家公爵王冠。18世纪晚期—19世纪初。

宝座。其中一枚戒指上有布伦瑞克-吕内堡王室徽章的血石凹雕，戒臂两侧装饰盔甲，反映出他对一切军事相关的热爱（图299）。这一点在他的国葬仪式上也再次得到强调，他的遗体伴随着汉诺威王冠和权杖，他的毛皮高帽和佩剑，他的英国陆军元帅指挥棒，以及英国嘉德骑士勋章，圣乔治勋章。尽管这些戒指收藏只是一个个小小的缩影，但也足以令人感受到其主人作为国王和军人的伟大成就。

图302
1837—1851年的黄金戒指，镶嵌汉诺威纹章的海蓝宝凹雕。纹章上是跳跃的马，站在橡树枝上的两个支持者头戴橡树叶冠，外肩处扛着一根木棒，纹章上方是皇室王冠。

图303 对页
恩斯特·奥古斯特在1837—
1851年委托制作的这枚红玉
髓凹雕黄金戒指，图案是汉
诺威的标志——马，向左侧
跳跃。

图304
恩斯特·奥古斯特委托制作
的红玉髓凹雕宝石黄金戒
指，图案同样是汉诺威的标
志——向右跳跃的马。

第六章
装饰戒指
DECORATIVE RINGS

前几章介绍的戒指要么与印章相关，要么与爱情、婚姻、死亡、信仰、教会及政府的高级职务相关，它们往往都记录着人类历史上不同的方方面面。但还有一些戒指并不具备太多的实际功能，却反映出从古至今不断变化的艺术风格，它们被归类于装饰戒指。

古代世界

除了印章戒指以外，古埃及人佩戴的戒指还兼具宗教和护身符的意义，因此不存在我们现在理解中的纯装饰性戒指。而在古希腊，纯装饰的戒指仍然非常少见但却一定出现过，人们也曾经佩戴过这种戒指。珠宝工匠通过直接雕刻，在浅槽中微雕，又或是用细丝和金珠工艺在戒指上制作出圆花饰、棕叶饰、螺旋纹、卷须纹和之字形等装饰图案（图307～图309）。

希腊化时期出现两项创新。第一项是用透明玻璃板覆盖金箔图案。第二项是在戒面镶嵌那些美丽、稀有且具有护身符属性的珍贵宝石或半宝石，这是后来大受欢迎的单石镶嵌式珠宝和团簇围镶式珠宝的前身。还有一个在希腊化时期出现的图案是蛇，开启了蛇形珠宝的悠长历史，它们通常呈环状盘绕在指间（图310）。

罗马帝国时期，人们对于奢侈品的热爱体现在这些镶嵌昂贵祖母绿（图313）、紫水晶、珍珠和石榴石（图311，图314）的重

图305 对页
肖像画，奥地利的伊丽莎白，法国查理九世的妻子，弗朗索瓦·克卢埃绘制，1571年。她的宫廷礼服和珠宝被绘制得非常细致，包括手上的装饰戒指。

图306 上图
戒指设计图，来自皮埃尔·威利奥特《金匠戒指手册》，1561年。

图307

公元前5—公元前4世纪的希
腊黄金戒指，戒臂呈扭转
状，树叶形戒面装饰着花瓣
与叶子，工匠将金丝点缀在
金底上，形成这种装饰效果。

图308、图309

公元前5世纪的希腊黄金戒
指双视图，绳索式指环，戒
臂上带有圆花饰，戒面边缘
用金丝和金珠点缀，中间装
饰着坐姿的赫拉克勒斯，雕
刻着希腊文"好运"。戒面
的侧边用金丝和金珠刻画出
螺旋纹，边框则呈锋状。

图310
公元3世纪罗马黄金戒指，
两条连在一起的蛇形成三圈
重叠的指环。

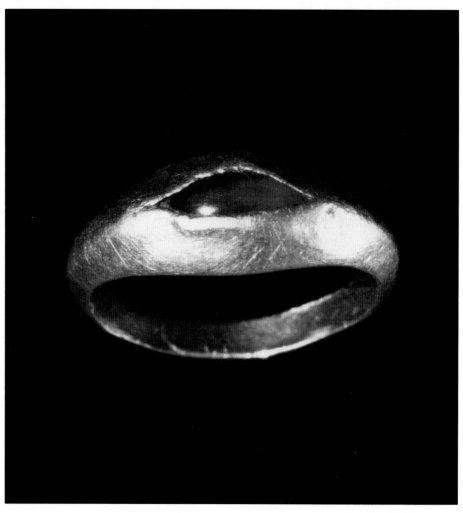

图311 上图
公元前1世纪罗马黄金戒指，中间镶嵌的弧面石榴石犹如一只眼睛，象征"邪恶之眼"，用于保护佩戴者。

图312 对页右上图
公元3世纪罗马黄金戒指，戒臂的刻面上装饰突起的金珠颗粒，戒面镶嵌可旋转的祖母绿珠子。戒指主人可能很喜爱宝石在手指上旋转，同时相信绿色对他的眼睛有益。

图313 对页中间图
公元3世纪罗马黄金戒指，7个盒式镶嵌里面分别是4颗弧面石榴石和3块玉石。考虑到帝国时期大宝石的短缺，指环更适合展示各式各样的小尺寸宝石。

图314 对页右下图
公元3—4世纪罗马黄金戒指，常春藤叶状的戒面由金丝勾勒出来，末端有螺旋纹，镶嵌弧面石榴石。这枚戒指可能暗指酒神巴克斯，因为巴克斯的追随者们，例如阿里阿德涅（Ariadne），在参加狂欢时，会用常春藤叶蔓将头发绑起来。

图315
公元4世纪罗马黄金戒指，
由金珠装饰的宽指环，外侧
有一圈空缺的凹槽，之前曾
经镶嵌不同类别的宝石。

金戒指上，有单一镶嵌也有群镶，镶嵌的宝石
有时环绕戒圈，有时出现在戒面（图312，图
315）。塞内卡谴责过这种奢侈浪费的行为，他
控诉一些妇女不惜将全部家当用来购买戒指。
不光是他，马修也曾描述过无论白天黑夜每个
手指上戴满6个戒指的男人；还有尤维纳利斯
记录的一位前奴隶在冬天炫耀他巨大厚重的戒
指，然后夏天又换成一些略小巧的款式。老普
林尼将这种对于戒指和宝石的热爱看作是人们
仰慕奢华的一个方面，"让女性拥有黄金手镯、
戒指、项链、耳环和发饰，让金链随意地缠绕
在她们的腰间，让一小袋一小袋的珍珠暗藏在
女主人的脖颈处、衣领下，好让她们即使在睡
觉时依然享受着拥有珠宝的感觉。"尤维纳利斯
注意到一位女音乐家在演奏玳瑁里尔琴时，会
从她手上闪闪发光的玛瑙戒指中获得快乐；他
甚至认为律师必须要展示自己的奢侈品，宣称
即使是西塞罗也不可能得到一份诉讼委托，除
非他"戴着一枚巨大的戒指"。而那些较小的指
环应该是用来戴在靠指尖的关节处，或是给孩
童准备的（图316，图317）。

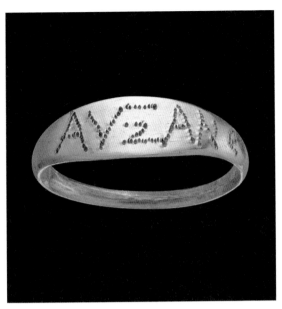

图316
一枚小尺寸的戒指，公元
1—2世纪，铭刻希腊语"成
长"，证明这枚黄金戒指是
为一个孩童制作的。

图317
一枚罗马黄金戒指，戒面上
雕刻棕榈叶图案，象征着胜
利女神，公元2—3世纪。

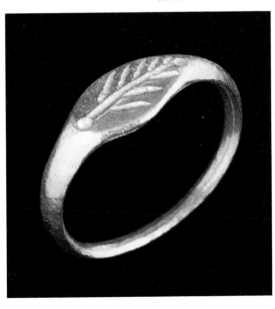

图318
一枚黄金戒指，指环处现如今只留下一圈空槽，原本都镶嵌有宝石，两圈金珠边装饰的锥形戒面，同样也只剩下空的底座，顶尖处的用于镶嵌宝石的圆形筒夹还有一圈金珠点缀。欧洲民族大迁徙时期，公元6—7世纪。

后古典世界和中世纪

　　拜占庭和黑暗时代流传下来的装饰戒指非常稀少，最具代表性的造型当数"神龛"戒面（图319，图320），同时镶嵌宝石和琉璃。而其中最广为人知的一种款式，是车轮状的戒面（图318）镶嵌薄片的石榴石。

　　由于中世纪流传保存下来大量的装饰戒指，我们可以毫无疑问地断定从12世纪到15世纪，装饰类的宝石戒指在整个欧洲都广受欢迎，并且不仅仅是因为它们的医用价值和保护属性，更是因为其本身的装饰性。因为那个时期彩色宝石很少进行抛光处理，所以大多都是以原始自然未切割的圆顶形状直接呈现，例如"弧面宝石"。除了让人叹为观止的各式各样真宝石以外，琉璃同样也会出现，这是威尼斯和巴黎作坊的一大特色。珍珠在当时非常珍贵，通常会在打孔后利用细线固定在底座上。其中一枚精美的案例，戒指的戒面上团簇式高耸镶嵌数颗珍珠，这是1470年土耳其人入侵希腊卡尔基斯时，被秘藏的威尼斯-拜占庭戒指中的一件珍品。其他意大利戒指也存在这种高耸式的镶嵌手法，例如来自慕拉诺的一组蓝宝石戒指。

图319

一枚黄金戒指，扁平指环连接着镂空底座，上方镶嵌"神龛"戒面，并用金珠装饰。这种建筑风格戒面，最早起源于拜占庭，以方形或者此处展示的圆形出现。公元6—7世纪欧洲民族大迁徙时期。

图320

一枚黄金戒指，戒面是圆形镂空"神龛"，指环以金珠做装饰。公元6—7世纪欧洲民族大迁徙时期。

图321

一幅微绘画，来自让·德·曼德维尔（Jean de Mandeville）的《宝石工艺匠》，描绘一家宝石商的店铺。顾客们正在挑选店主和他妻子摆放在柜台上的各类宝石。法国，15世纪。

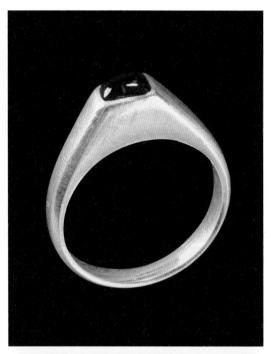

　　大多数戒指都是采用最简单的马镫式风格——素面指环渐渐耸起至戒面顶点，顶点处包镶宝石（图322）。而更大的宝石会固定在"馅饼盘"戒面上，镶嵌宝石的筒夹被均匀按压在底座四周（图323～图326），还有一些利用筒夹辅以爪子进一步固定宝石（图327）。到了15世纪，这两种类型结合在一起，爪子从筒夹中延伸出来，形成尖头或扇贝边的效果。戒臂的装饰也出现类似的发展趋势，它不再是素面空白，而是点缀很多涡卷纹、圆盘、盾形和怪物，最早出现于12世纪，并流行过很长一段时间。还有更进一步的装饰方法是利用乌银（Niello），一种黑色金属硫化物，通常运用于戒臂和指环的铭文；14世纪之后，珐琅也被引入戒指上，用于装饰戒臂雕刻的花朵和枝叶。

图322
一枚13世纪素金戒指，是中世纪早期最简单和最流行的设计：逐步升高的马镫形戒面，镶嵌一枚弧面蓝宝石。蓝宝石最初是戒指中最受喜爱的宝石，但是中世纪之后它的受欢迎程度有所下降。

图323
一枚13—14世纪的黄金戒指，凸起的"馅饼盘"戒面镶嵌一颗斯里兰卡的弧面蓝宝石。

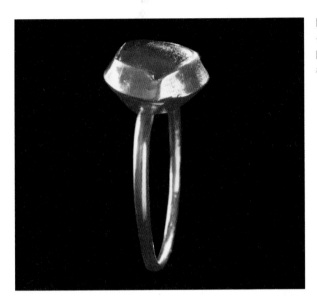

图326
公元13—14世纪黄金戒指，圆形"馅饼盘"戒面镶嵌石榴石。

图324 对页上图
公元13—14世纪黄金戒指，素面指环，圆形戒面镶嵌弧面蓝宝石。

图325 对页下图
公元13世纪黄金戒指，在指环上运用方形截面和平板来加固镶嵌石榴石的三角形"馅饼盘"戒面。因为当时刻面型宝石比较罕见，因此制作戒指的工匠不得不根据这枚宝石的三角形轮廓去重新调整戒面形状。

图327
公元13世纪黄金戒指，戒面镶嵌弧面粉红蓝宝石，运用爪子进行额外加固。

文艺复兴

　　文艺复兴时期，珠宝工匠的工艺水平达到前所未有的高度，尤其是戒指，常常被工匠们作为杰作提交给珠宝匠人协会。与中世纪戒指的极简风格相反，文艺复兴时期追求精致和大融合，正如法国珠宝匠人皮埃尔·威利奥特在《金匠戒指手册》（1561年）中形容那样，珠宝工匠将雕塑家的细腻与画家的品位结合在一起。在威利奥特的设计中，戒臂上的雕刻图案源自动物、鸟类和鱼类世界——公羊、海豚、蛇、鹰，以及混合形态的装饰，如赫姆柱、怪诞的面具、萨梯、双尾塞壬和哈比女妖（图336）。人物形象包括成对的缠着头巾的土耳其人、一群群的杂技演员，或是庆祝盛大酒神节的人们。交错并存的内容平添许多趣味——青春与年老、人类与怪物、男人与女人，这些图案再加上交织带状装饰，隆重烘托出戒指的戒面。然而可惜的是，相比书中的图稿，幸存下来的实物戒指戒臂稍显逊色，装饰莨苕叶（图329）、女像柱、涡卷纹（图330，图331），还有条带纹饰（图335）；戒面则镶嵌彩色宝石，如绿松石、石榴石、蓝宝石、红宝石、祖母绿等，并通过明亮的珐琅和黄金的色泽衬托出宝石之美（图332，图333）。戒面通常被设计为对称的花苞造型，有四瓣的（图337）、六瓣的，以及多瓣的，从1540年开始，花瓣还被进一步细分出不同层次，以增强其装饰效果（图334）。

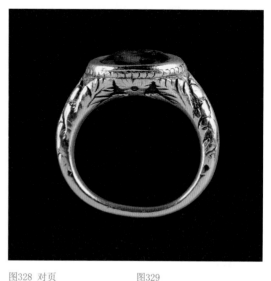

图328 对页
勃兰登堡阿尔布雷特（1490—1545年）的肖像画，来自卢卡斯·柯兰奇长老学院。这位热爱艺术的阿尔布雷特展示着他对宝石的热爱，6个手指上戴满形形色色的彩色宝石戒指。它们闪烁的光芒衬托在他朴素的黑袍下，显得更加耀眼夺目。

图329
1540年的黄金戒指，椭圆形戒面镶嵌一枚刻面蓝宝石。戒臂雕刻莨苕叶纹饰，展示出源自古典艺术的装饰元素。

图330、图331 左上图、左下图
16世纪黄金戒指双视图。戒指由蓝色、绿色、白色的珐琅装饰，戒臂带有涡卷纹和浮雕，内镶红宝石，高凸的双盒式戒面镶嵌祖母绿和台面切工蓝宝石。戒面背后是珐琅描绘的对称图案。根据文艺复兴时期的风格偏好，珠宝匠人很明确地区分指环、戒臂和戒面三部分。

图332、图333 下图、对页
16世纪黄金戒指双视图。以白、红、棕、蓝、绿珐琅装饰，涡卷纹和条带纹的戒臂上镶嵌两颗红宝石，戒面两旁有两只背靠背的雄鹿，鹿角中镶嵌一颗祖母绿，指环另一侧还有一个副戒面，镶嵌一颗略小一些的祖母绿，戒面背后的十字架图案中间，是一颗红宝石仿制品。

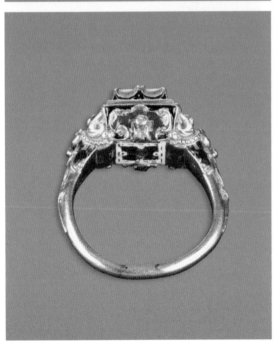

图334

柱形戒臂的黄金戒指，四瓣
花状的戒面镶嵌一颗弧面红
宝石，环绕在低层的花瓣装
饰着白色珐琅。四瓣花或多
瓣花形态，是16世纪最具特
色的宝石镶嵌底座造型。

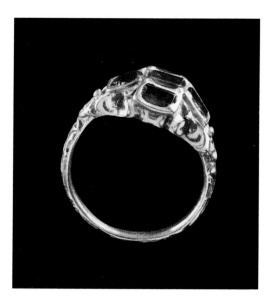

图335
16世纪晚期黄金戒指。戒臂是条带纹和浮雕，扁平的戒面镶嵌五颗台面切工红宝石，侧边装饰白色珐琅图案，搭配红宝石的颜色看起来非常和谐。

图336
皮埃尔·威利奥特设计的装饰戒指图，来自他的《金匠戒指手册》，1561年。这里展示两枚戒指的正面和侧面图。戒臂处被特别强调，其中一枚是两个全身的形象，而另一枚是人头的造型，在装饰珐琅之后雕塑感的效果会更加突出。

图337 下图
1540年黄金戒指，这是一枚早期四瓣花戒面的典型案例，镶嵌绿松石。在此基础上，后期的四瓣花戒面会增加更多錾刻和珐琅细节做进一步装饰。

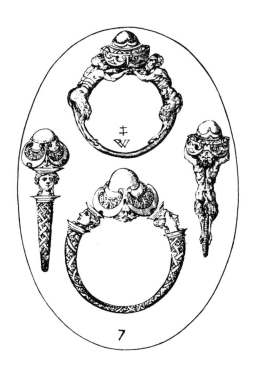

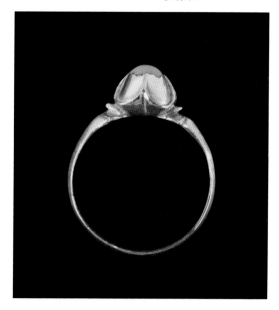

17 世纪

大约1600年开始，随着装饰戒指的进一步简化，珠宝历史翻开新的篇章。宝石镶嵌师的重要性超越金匠，珐琅的使用也被限制在宝石镶嵌的背面以及边缘的黑白色细节图案，雕塑元素则完全消失。较大的宝石被镶嵌为单石款式（图340），较小的则群镶成星空（图341）、圆花饰（图344）和十字戒面（图343），抑或非常罕见的指环型戒指（图342）。白银被用来镶嵌钻石，而彩色宝石依旧使用黄金镶嵌。戒臂上的装饰，通常利用黑色珐琅填入雕刻出的枝蔓纹饰（图344）。巴黎是无可争议的珠宝中心，在本世纪巴黎出版了众多设计图稿，路易十四的宫廷珠宝商吉勒·莱加雷（Gilles Légaré）的设计是装饰戒指设计中的一大亮点（图339）。著名的齐普赛珍藏——17世纪50年代政治动荡时期埋藏在伦敦的一个珠宝商的库存，里面包含许多镶嵌各式各样宝石的戒指，展示出在那个时期可供选择的珠宝款式。镶嵌卡梅奥浮雕宝石的戒指非常受欢迎，一部分卡梅奥是古董，但大多数都是当代的雕刻作品，展现出意大利文艺复兴时期古典文化的影响力。

图338 对页
阿姆斯特丹珠宝商马库斯·科尼利厄斯（Marcus Collenius）的肖像画，约1660年。他正在为蓝宝石称重，旁边放着戒指，画中人正面注视着观赏者，仿佛他正在接待顾客。

图339
吉勒·莱加雷的设计图，来自他的《金匠作品目录》，1663年。戒臂和戒面都镶嵌玫瑰切工钻石，另外还有5个精美的指环，装饰乐器、叶子、花朵、结饰、链饰和爱心，很好地展示出路易十四时期的宫廷珠宝风格。

图340 对页
1610年的黄金戒指，镶嵌单
颗台面切工蓝宝石。八边形
戒面的侧边被分割成16个黑
白相间的三角形，指圈装饰
白色图案。

图341
17世纪上半叶的黄金戒指。
戒面是繁复的星形，戒臂有
浮雕装饰。戒面镶嵌的5颗
石榴石中，4颗三角形切工
围绕着中间的顶尖切工，顶
尖切工模仿自然界钻石原石
的八面体结构（图420）。

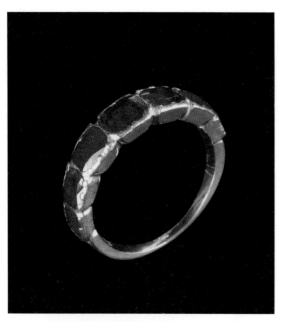

图342

一枚指环状黄金戒指，是这一品类戒指中极其罕见的幸存品，镶嵌了7颗台面切工红宝石，17世纪晚期。

图344 对页

17世纪中期黄金戒指，六瓣花状的戒面镶嵌6颗台面切工红宝石，围绕着花蕊中心的钻石，戒臂两侧是叶状卷轴纹，上面还有一些残留的黑色珐琅痕迹。

图343

17世纪黄金戒指，十字戒面镶嵌5颗台面切工红宝石，即使是这样小的红宝石，由于它们火焰般的美丽色泽在当时依然非常昂贵。戒臂上的枝蔓卷纹装饰有圆圈和凸起的小圆球。

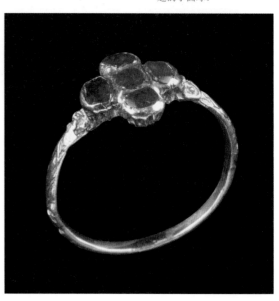

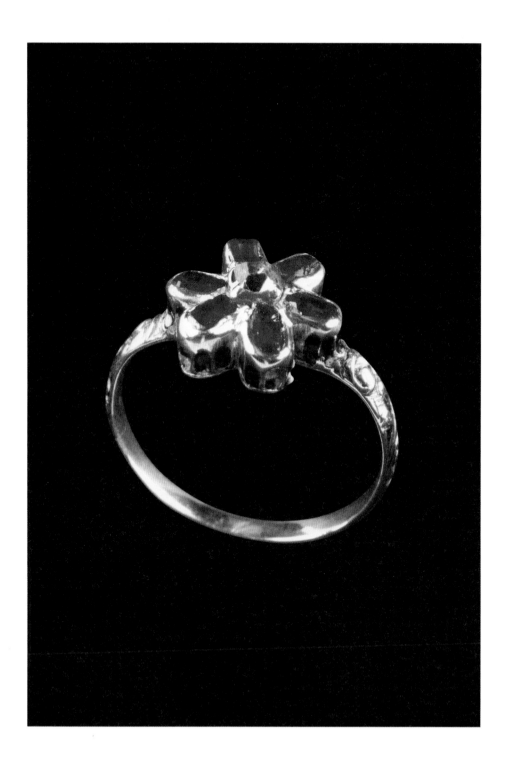

图345
镂空"小花园"戒指的设计图，克里斯丁·陶特
（Christian Taute），约1750年。轻盈别致的洛可可
风格，呼应时髦丝绸服装上的花朵图案，运用小
颗粒的钻石和彩色宝石进行镶嵌。

18 世纪

下一个艺术风格的变化来自于18世纪中期的戒指风尚，它轻盈、优雅、华丽却不再是繁复的堆砌。这些洛可可风格作品中，有些戒面用镂空花卉装饰，被称为"小花园"（图346~图349，图351~图354），也有装饰蝴蝶和其他昆虫，还有缎带框边围绕中心宝石（图356），又或者是系成蝴蝶结，通常由钻石和彩色宝石搭配镶嵌而成。这些戒面有时并不对称，与之相连的指环要么是枝叶状形态，要么是素面但会在戒臂分叉处穿插树叶或花卉图案的装饰（图357，图358）。除去这些自然主义造型和丝带图案，装饰戒指还体现出当时社会的娱乐活动，例如假面舞会的面具（图359）、游戏桌的纸牌（图362，图363），以及音乐会的乐器。一部分最典型的设计发表在J. H. 普爵（Pouget）的《宝石交易》（Traité des Pierres précieuses）之中（1762年和1764年，图345）。

图346
17—18世纪金银混镶白色珐琅戒指，指环如同叶茎，花型戒面镶嵌3颗台面切工祖母绿。

图347
细圈黄金戒指，典型的单花"小花园"造型，戒面由红宝石花朵和祖母绿叶子构成。18世纪中期。

图350 对页

珠宝商约翰·内维尔（John Neville）和理查德·德博夫（Richard Debaufre）的贸易名片，他们的珠宝店铺"手与戒指"位于伦敦海马克特区诺里斯街，这张名片上自豪地宣称他们在1747年获得坎伯兰伯爵的皇室授权。而使用"手与戒指"作为店名无疑是一个很恰当的选择，因为店里戒指的销量要远远高于其他任何珠宝品类。

图348
金银混镶戒指，镂空的戒面镶嵌红宝石、台面切工钻石和1颗祖母绿，构成的花束被插在一个黄金把手的花瓶中，瓶身镶嵌1颗顶尖切工钻石。这是一枚18世纪中期制作的戒指，但是上面的钻石应该是从更老的珠宝上取下来的。

图349
最常见的"小花园"戒指，18世纪中期。金银混镶的花形戒面镶嵌彩色宝石和钻石。

图351
18世纪的金银混镶戒指，
镂空的花卉戒面镶嵌祖母
绿和钻石。

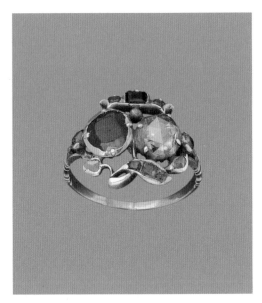

图352 左下图
18世纪中期的金银混镶
戒指，镂空花卉戒面镶
嵌彩色宝石。

图353、图354 右上图、对页
约1760年的金银混镶戒指，
两幅图片分别为单独展示以
及在原配鲨革戒指盒内的效
果。皇冠下的双生花镶嵌钻
石和红宝石，枝茎的叶子则
镶嵌祖母绿，这里结合了小
花园的装饰风格和情感的主
题，因为红宝石和钻石也可
以代表两颗心。

图355
鲨革戒指盒，盖子上有钻
石装饰的首写字母M，丝绒
内里的小格子盛放着16枚戒
指——属于一位18世纪时髦
女性的收藏。

图356
金银混镶戒指，约1760年。圆形戒面镶嵌明亮式切工钻石，内圈环绕红宝石，外圈则是由祖母绿、钻石、蓝宝石交织的丝带型装饰。与花卉一样，丝带和蝴蝶结也是18世纪珠宝商非常喜爱的装饰主题。

图357
金银混镶戒指，约1760年。与其他戒指略有不同的是，这枚戒指特别强调中间的大宝石。分叉式戒臂连接圆形戒面，戒面边缘镶嵌钻石，中间镶嵌一颗弧面祖母绿。

图358
18世纪金银混镶戒指，团簇型戒面正中镶嵌一颗红宝石，并用红宝石和钻石勾勒双层边框。外框环绕的宝石虽然很小，但是因为与中间宝石颜色的呼应，令这枚戒指在指间变得非常醒目。

1770年以后，新古典主义风格在装饰戒指上大行其道。戒指普遍采用对称的设计图案，戒面拉长呈椭圆形、榄尖形、菱形或八边形戒面，柔和地衔接到素金指环上。类似的戒指会有些不常见的地域性变化，例如在西班牙和葡萄牙，戒指外圈会群镶亮黄色橄榄石，再环绕一圈小金珠。但是大部分欧洲珠宝商还是会跟随巴黎的风尚，这同样也是他们顾客的意愿。大多数戒指的主石——红宝石、蓝宝石、祖母绿、托帕石、紫水晶、海蓝宝、欧泊、猫眼石、橄榄石，会在外圈围镶玫瑰切工或明亮式切工钻石。某些这一类型的法国戒指，中心会出现一个"钉子"的形状，正如格拉维耶在1785年为洛里俄斯夫人（Madame Lorieux）制作的"一枚榄尖形戒指，戒面镶嵌绿琉璃，中心有一个红宝石钉子"。而那些非常流行的卡梅奥浮雕或凹雕戒指（图364~图366）通常会采用简朴罗马风格的"古董式"底托。

戒指还反映出18世纪欧洲生活中对于非洲黑人的异国风情和乌木色皮肤的迷恋。用条纹玛瑙或者缠丝玛瑙制作的卡梅奥浮雕，运用对比鲜明的深浅色区雕刻出半身像，那些装点钻石的卡梅奥雕像则被称作"阿比耶"（Habillé，图360）。当时社会盛行贵妇收养黑人小孩作为仆人（图361），他们通常被当成宠物一样允许出入太太小姐们的客厅和闺房。1787年，塞内加尔总督布夫勒（Chevalier de Boufflers）送给奥尔良公爵夫人一个本地小女孩，他形容那个小女孩"她很漂亮，眼睛亮晶晶如同黑夜中的星星，她就像一个小甜心般美好，以至于当我想到她如同一只活羊羔被买卖的时候，我都快要哭了"。

图359
约1750年的这枚金银混镶戒指，展示一张被白色面具覆盖的脸，眼睛处镶嵌玫瑰切工钻石，周围是花瓣状展开的红宝石钻石边框。作为社会主要娱乐项目之一的化妆假面舞会，成为一个很常见的戒指主题。

图360 对页
这枚18世纪中期金银混镶戒指，条纹玛瑙卡梅奥的黑人男孩半身像，镶嵌钻石的头巾、头饰和外衫，共同构成充满异域风情的戒面。

图361
格拉夫洛（Gravelot）的画作《夸德里尔牌戏》，约1750年，记录下那个时期最流行的娱乐之一。女士和先生们在牌桌前享受着彼此的陪伴，画面右侧还有一个女仆和黑人侍从。

图363
18世纪金银混镶戒指，同样是一手扑克牌的戒面，用珐琅和钻石装饰。

图362
18世纪金银混镶戒指，戒面上是一手赢面的扑克牌，用珐琅制作，并镶嵌红宝石和钻石，螺纹指环上点缀着红宝石。

大戒面意味着会有更多空间展示当代生活的微绘画，包括风景和场景，可以是绘制的，也可以是象牙或黄杨木雕刻的，然后用钻石或素金制作边框。镶嵌玛瑙的戒指还反映出启蒙运动时期对于自然科学的着迷，特别是苔藓玛瑙里不同颜色的包裹体，可以用来代表昆虫，例如苍蝇和蝴蝶，因此工匠们通常只会对它进行简单的切割和抛光。一些真正的爱好者会获取各式各样的硬石样本然后镶嵌在黄金戒指上，有些是永久镶嵌，也有些可以选择不同的宝石进行不定时的替换。哥本哈根的罗森博格城堡收藏着丹麦费德烈五世（1746—1766年）的珠宝，包括86枚宝石镶嵌的戒指，其中的25枚还伴有黑色珐琅铭刻的姓名（图367）。

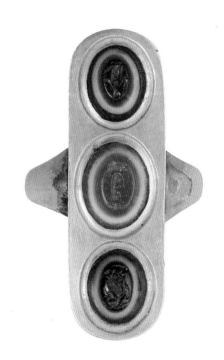

图364 对页上图
马尔堡公爵（Duke of Marlborough）收藏的一枚黄金戒指，镶嵌卡梅奥红玉髓，用不可思议的高浮雕造型刻画出一个光头喜剧面具。卡梅奥制作于约公元1世纪，戒指制作于18世纪。

图365 对页下图
素金戒指，镶嵌卡梅奥宝石，刻画酒神巴克斯的童年场景，宝石和戒指都制作于18世纪。这枚浮雕宝石还有另外一个版本在诺森伯兰郡公爵（Duke of Northumberland）的收藏中，上面铭刻有洛伦佐·美第奇的名字。

图366 上图
18世纪晚期的黄金戒指，镶嵌3颗凹雕宝石，分别刻画的是老鹰、花瓶和雅典娜，都是公元1—2世纪的作品。时髦的新古典主义戒指戒面有时候可以同时容纳几枚小型的凹雕宝石，这样的珠宝常常成为人们社交场合的一个谈资。

图367
镶嵌不同类别贵宝石和半宝石的戒指，来自丹麦费德烈五世的重要矿物学收藏，反映出他在启蒙运动时期对自然科学的热爱。18世纪中期。

19 世纪

整个19世纪，不论是珐琅还是宝石镶嵌，装饰戒指成为戒指中最大的一个品类。首先是宽型指环，也被称为"项圈"型，有时还会配上镶嵌玫瑰切工钻石的皮带扣，接下来便是百花齐放的各式各样小宝石镶嵌戒指，包括团簇式（图369，图370）、螺旋式（图371），或是一排排直线造型的款式。格拉维耶（Gravier）关于1807—1811年的戒指记录很好地展示出这一品类的多样性，有"钻石星星、棋盘图案的彩色宝石、罗马微型马赛克、凹雕和卡梅奥浮雕"。1827年，《女士邮报》（*Le Petit Courrier des Dames*）上公布一种新式的宝石组合方法，被称为"一周七天型戒指"，在当时非常时髦且备受欢迎。戒指镶嵌七种不同颜色的宝石，宝石名字的首字母分别对应英文一周中的七天。这些戒指通常镶嵌价格实惠的金色和粉色托帕石、石榴石、绿松石或紫水晶，可以用来搭配不同的衣服造型，成为当下最流行的戒指。

虽然在最初的几十年里，男人和女人都一样会佩戴戒指，但来到本世纪中叶，除印章戒指和护身符戒指以外，大多数男人已经极少佩戴戒指了。当然也有个别例外，比如小说家尤金·休（Eugène Süe），据说他经常在暗棕色头发上涂抹过量发油，并且搭配钻石袖扣和数枚戒指，这种表现过头的"风雅"，让人们误以为他是一位来自南美洲的古怪土豪。之后，向古老艺术致敬的风潮接踵而来。伴随着考古学家对于尼罗河文明的新发现，古埃及艺术越来越受欢迎，以至于圣甲虫的图案，不论是作为幸运保护符还是装饰作用，被使用在项链、耳环、手镯和戒指上（图372，图373），并且这样的戒指不分男女都可以佩戴。其他历

图368
一幅肖像画的局部，画中23岁的马克特·德·圣玛丽夫人（Madame Marcotte de Sainte-Marie），两只手佩戴着细小的装饰戒指。1826年，安格尔（Ingres）绘制。

图369
这枚金银混镶戒指的椭圆形戒面，镶嵌明亮式切工钻石，中间1颗小红宝石，呼应红宝石边框。19世纪上半叶。

图370 对页上图
19世纪上半叶金银混镶戒指，团簇型戒面由1颗红宝石主石围镶钻石构成。

图371 对页下图
19世纪的一枚金银混镶戒指，戒面由钻石与红宝石相间的倾斜条带组成。

19世纪下半叶，对历史主题
设计的激情不仅表现在建筑
上，也表现在戒指上。

图372、图373
古埃及风格黄金戒指双视
图，指环装饰着莲花图案，
戒臂两侧是斯芬克斯，戒面
是圣甲虫，约1870年。19世
纪古埃及学的发展很好地反
映在古埃及复兴珠宝上。

图374
巴黎珠宝商儒勒·威斯
（Jules Wièse）制作的
罗马风格黄金戒指，
约1870年。戒臂上的
蛇咬住椭圆形戒面，
镶嵌一颗弧面祖母绿。

图375、图376 右上图、右下图
文艺复兴风格黄金戒指双视图，
以黑、白、绿、红珐琅装饰，约
1870年。凸起的盒式戒面上镶嵌
一颗珍珠，侧面戒臂装饰丘比
特，让我们不禁想起16世纪皮埃
尔·威利奥特的设计（图306）。

史时期，比如罗马（图374）、拜占庭、中世纪和文艺复兴（图375~图377）同样启发着设计师。巴黎珠宝商J·B·福辛制作过许多历史复兴风格的戒指。为纪念罗伊伯爵（Comte Roy），福辛创作出一枚戒指，"将精美的祖母绿镶嵌在两颗明亮式切工钻石中间的戒指，指环用黑色珐琅绘制的蔓藤花纹展现哥特风格"（1840年）；以及"一枚黄金戒指，在两颗明亮式切工小钻石中间镶嵌欧泊，指环錾刻文艺复兴风格的饰带"，灵感来源于16世纪晚期枫丹白露宫的室内装饰；类似的情况还有与瓦卢瓦王朝呼应的"蝾螈戒指"，暗指弗朗索瓦一世；以及福辛为贡多维茨伯爵（Count Gondowisch）制作的"一枚镶嵌祖母绿和白色珐琅美人鱼戒臂的戒指"（1843年）。但它们都还是不如18世纪的艺术风格——洛可可和新古典主义所激发出来的戒指数量庞大，福辛曾经为雅茅斯勋爵（Lord Yarmouth，1841年）制作过"一枚极为精美的路易十五风格镶钻戒指"。而自然主义图案诸如橡树叶、罂粟、雏菊、贝壳和花园三叶草等也再度重归，系结的丝带以及路易十六时期的榄尖形戒面都再次受到青睐。在寻找各类新鲜主题的同时，珠宝商也从遥远的国度获得灵感，包括一些东瀛风格（图378，图379）、印度风格戒指，采用狮爪或龙头固定宝石。

19世纪下半叶，对历史主题设计的激情不仅表现在建筑上，也表现在戒指上。

图377 对页
一枚黄金戒指，珐琅由伯纳德·阿尔弗雷德·迈耶（Bernard Alfred Meyer）制作，19世纪下半叶。长椭圆形戒面中间的图案是卡利俄佩，她是主管舞蹈的缪斯女神，戒面周围环绕着镂空边框。

图378、图379
美国黄金戒指双视图，装饰东瀛风格的叶子和蝴蝶图案。该设计于1879年8月26日获得专利。

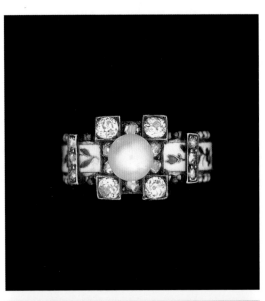

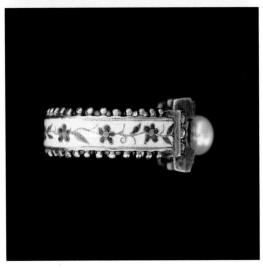

19世纪60年代开始，设计变得更加标准化，顾客和珠宝商们似乎都更关心宝石的价值，宝石会被单独镶嵌，或是交叉式的两个一组、三个一排，又或是团簇式。但也有一些珠宝商，例如罗马的卡斯特拉尼（Castellani）、巴黎的儒勒·威斯（Jules Wièse）和阿里克西斯·法里兹（Alexis Falize，图380，图381）、伦敦的卡罗·朱利亚诺（Carlo Giuliano），依旧从古典和文艺复兴时期获取灵感，用丰富的想象力和创造力为顾客提供原创性的设计，用珐琅和艺术化的细节去丰富作品。到19世纪末，美国珠宝商马库斯（Marcus，图402）和蒂芙尼（Tiffany，图382，图383）也成长为可以与这些欧洲同行旗鼓相当的竞争对手。

居伊·德·莫泊桑（Guy de Maupassant）敏锐地观察并且记录了这一时期的女性在巴黎珠宝商小巧的店铺中选购戒指时的喜悦与快乐：

"店铺里的戒指成排展示，最稀有的戒指被单独存放在小盒子中，其余的则被放置在方形大盒子内部的卡槽中，根据种类依次排开，戒指面在丝绒底布的衬托下熠熠生辉……两位女士沉浸在喜悦的气氛里开始将逐个取出陈列的金戒指。两堆戒指泾渭分明地分散在销售柜台上，一堆是被客户看一眼就拒绝的，另一堆则等待着客人们的'最终裁决'。时间在这甜蜜的挑选过程中悄然流逝，这项任务似乎集世界上所有的快乐喜悦于一身，就好像在剧院里感受到的琳琅满目与聚精会神。它能够激发情感、愉悦感官、满足一位女性内心所有的欲望与渴求。"

图382、图383 左图、下图
为亨利·沃尔特斯（Henry
Walters）设计的黄金戒指双
视图，蒂芙尼，纽约，1893
年。亨利·沃尔特斯是位于
巴尔的摩的沃尔特斯艺术博
物馆的创办人和游艇热爱
者。戒面形状类似一艘船，
暗指他的蒸汽游艇那拉达号
（Narada），镶嵌的一枚海
蓝宝凹雕是钟和指南针的图
案。指环和戒臂则装饰鱼和
托着船锚的美人鱼浮雕。

图380、图381 对页
巴黎珠宝商法里兹的黄金戒
指双视图，约1880年。指环
在白色珐琅底面上装饰花叶
枝蔓图案，戒面镶嵌一颗被
钻石围绕的珍珠。

图384、图385
巴黎的乔治·勒·图尔克
（George Le Turcq）制作的
黄金戒指双视图，约1900
年。镶嵌钻石的戒臂形成一
个植物的枝茎，缠绕在戒面
周围，戒面的巴洛克珍珠被
透明镂空珐琅叶子包围。这
枚戒指的价值主要源于其极
高的艺术性，而非其材质。

新艺术运动及以后

    大约在1900年，新艺术运动的设计师们被19世纪晚期大量平庸的设计所激怒，开始另辟蹊径，其作品与其说是受过去历史的启发，不如说是一种理想化自然观的呈现。这一类戒指都堪比艺术品，反映出由大师勒内·拉利克（René Lalique）带领的一批珠宝匠人超凡的想象力。蓟花、麦穗、树叶（图384，图385）、天鹅、花卉或者昆虫翅膀等图案围绕着巴洛克珍珠和宝石（如托帕石、欧泊和玛瑙），材料的选择基于设计装饰的契合度而非纯粹的物质价值。还有一些更为引人注目的设计是为阅历丰富的绅士们所创作，例如镶嵌珍珠和紫水晶，戒臂两侧采用金发的仙子宁芬（图390）或是情人深情相拥的造型。法国作家让·洛兰（Jean Lorrain）在他的小说中生动表达了当时人们对于新艺术戒指的热爱。在小说《女士之家》（*Maison Pour Dames*，1908年）的故事中，杂志《女士之家》的时尚编辑诺瓦蒙特，作为品位风格的最高权威，盛装去观看歌剧的时候，双手都戴着拉利克的戒指，煽起那些倾听他珠宝搭配以及服饰造型的女性们的无限仰慕。而另一部小说《雅利安人》（*L'Aryenne*）中，洛兰让一枚拉利克的戒指成为整个故事戏剧的中心，这枚戒指是件"精致得非同寻常的艺术设计"，并详细地描述道：

> "这是一个悲剧面具，镶在月桂和姚金娘的枝叶中，一条珐琅蛇从中钻过，盘绕在透明的绿叶上……面具是用有色水晶雕刻而成的，而无论是祖母绿还是橄榄石都无法与这透明绿色珐琅的色调相媲美。"

图386、图387
约1900年的黄金戒指双视图。我们可以看到新艺术运动对于文艺复兴时期雕塑戒指的全新演绎，指环和戒面上镂雕着宁芬和萨梯拥抱的造型。

图390 对页
黄金戒指，约1900年，长戒面上有一位"珍珠上的女人"，仙子宁芬站在一颗珍珠上，纱幔飘在她的头顶和肩上。

图388、图389
黄金戒指双视图，约1900年。指环呈镂空的树枝造型，一侧缠绕着蛇，另一侧是夏娃的全身像，手拿一个红宝石苹果，代表着《创世纪3》（1—7）中描述的诱惑。

然而，不论是天才的勒内·拉利克还是其他极具天赋的大师，如法国的乔治·富凯（George Fouquet）、尤金·福利阿特（Eugene Feuillâtre）、卢西恩·盖拉得（Lucien Gaillard）和亨利·韦弗（Henry Viver），英国的亨利·威尔逊（Henry Wilson），抑或美国的路易斯·康福特·蒂芙尼（Louis Comfort Tiffany）和约瑟夫·哈特维尔·肖（Josephine Hartwell Shaw，图391），都不可能战胜富人们展示财富而非艺术戒指的渴望。因此主流珠宝商们生产的装饰戒指还是会从18世纪戒指中获取灵感，通常是榄尖椭圆戒面，辅以当时时新的铂金滚珠边——这种工艺将镶嵌边框切割成细小颗粒状，以更好地反衬出宝石的光芒，使得整体看起来更为闪耀（图399~图402）。1901年，比利·冯·梅斯特（Billy von Meister）因为威廉二世（Wilhelm Ⅱ）两次造访他的乡村庄园而备感荣幸，于是去到法兰克福的罗伯特·科赫（Robert Koch）的珠宝店给他的妻子莱拉（Leila）挑选了一件最新款式的珠宝作为纪念品，莱拉非常满意丈夫看中的这枚"由一颗红宝石和两颗钻石组成的橄榄形戒指"。此外，这一时期出现的定制式切工彩色宝石也为戒指的优雅外观更增添一分精密和匀称的美感（图401，图402）。

图391
美国版的工艺美术运动戒指，约瑟夫·哈特维尔·肖（Josephine Hartwell Shaw）制作，1913年。黄金八边形戒面上镶嵌的珍珠呈十字排列，周围环绕枝桠状的小金珠。

巴黎约瑟夫·尚美的设计手绘稿展示，约1900年。（图392～图397）

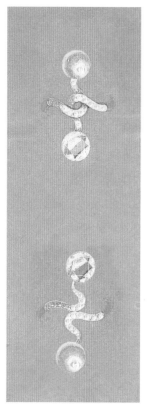

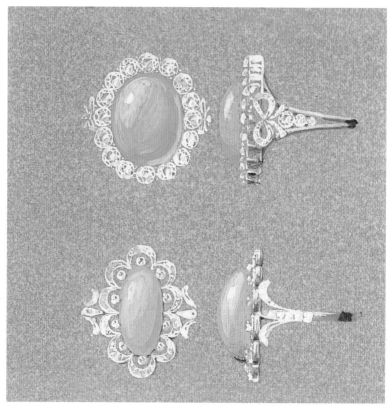

图392 左图
戒指设计，纵轴线两端各镶嵌
一颗圆形珍珠，另一种是衍生
款式。

图393 上图
镶嵌单颗彩色大宝石戒指的
两种不同设计，分别从正面
和侧面进行展示。其中一枚
的宝石被爪镶小钻石包围，
蝴蝶结戒臂。另一枚的小钻
石戒面边框呈曲线状，涡卷
纹戒臂。

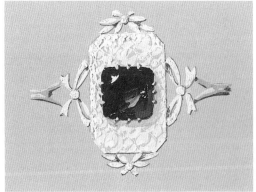

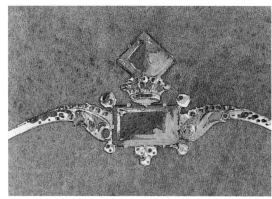

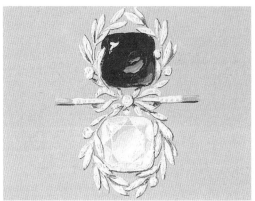

图394 左上图
一枚戒指的设计图，垂直的戒面上镶嵌一大颗彩色宝石，上下各有叶子做装饰，戒臂两侧是蝴蝶结。

图395 左下图
戒指的纵轴线上镶嵌两颗宝石，一颗彩色宝石，一颗钻石，都被包围在月桂叶中，并由丝带连接在指环交接处。

图396、图397 右上图、右下图
一枚戒指的两款不同设计，长方形祖母绿的上方有一个皇冠，皇冠上方是以菱形方式放置的另一颗方形祖母绿。第一种设计运用更为精致的指环，而第二种则是在长方形祖母绿外围增加一圈小钻石边框，搭配分叉的素面指环。

图398
金银混镶的半环戒指，三颗垫形切工缅甸红宝石
与明亮式切工钻石交错镶嵌在高台戒面上，可能
来自英国，1898年。

图399
铂金滚珠边戒指，戒臂和戒面边框都镶嵌小钻
石，狭长的椭圆形戒面上镶嵌三颗红宝石，约
1905年。这种垂直排布的形式呼应18世纪晚期的
戒指设计，同时也迎合爱德华时期的品位喜好。

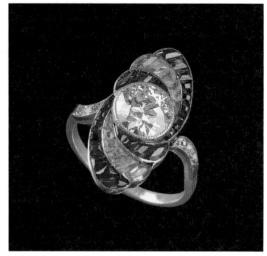

图400
铂金滚珠边戒指，长橄榄形戒面被凸棱戒圈固定，定制式切工的红宝石中间镶嵌一颗榄尖形钻石，最外围是钻石边框，约1910年。这个设计是18世纪顶尖椭圆戒面戒指的全新演绎。

图401
黄金铂金滚珠边戒指，约1915年。长戒面镶嵌一颗圆形钻石，侧面是由定制式切工蓝宝石和祖母绿排布成的螺旋纹，戒臂镶嵌钻石。

这一时期人们对戒指空前地热爱，可以自由佩戴于任何手指上，唯一的品位法则是无论是彩色或是单色，戒指的设计必须是和谐一致的。一位著名女演员（图404）在手上同时佩戴不少于八枚的戒指，成功吸引了大家对她的手行注目礼，这八枚戒指虽然形态各异，但每个都镶嵌有绿松石。同样的情况也体现在芭蕾舞团经理瑟奇·戴亚基列夫（Serge Diaghilev）身上，这位男士夺人眼球的地方不仅是剪裁完美的西装以及扣眼中的康乃馨，还有双手佩戴的戒指。

图402 左上图
一枚黄金戒指，由纽约马库斯制作，约1900年，珍珠被祖母绿和钻石环绕，分叉的戒臂镶嵌钻石。

图403 左下图
一枚黄金交叉戒指，这种款式有时也被称为"你和我"（Toi et Moi），约1910年。双戒面，一个用钻石围镶红宝石，一个用红宝石围镶钻石。

图404
著名女演员莎拉·贝恩哈特（Sarah Bernhardt）装扮成她在戏剧《远方公主》（La Princesse Lointaine）中饰演的角色梅丽森德（Mélisande），约1900年。在贝恩哈特的日常生活中，她也喜欢双手戴满戒指，搭配漂亮的衣服。她的收藏可以被称作是最好的新艺术珠宝集合，很遗憾后来由于经济原因，这些珠宝都被再次出售。

图405
铂金滚珠边戒指，约1925年，镶嵌深蓝色柬埔寨蓝宝石，被钻石包裹，切角的方形戒面边缘镶嵌定制式切工的蓝宝石。这枚戒指完美融合流线型的现代感和奢华的品位，是装饰艺术时期的典范。

图406 对页
一枚20世纪30年代的铂金戒指，长方形的梯方钻石反射出明亮的光柱，带来十足的现代感。扁平的八边形戒面隐秘式镶嵌红宝石，以两个钻石点为中心，在正面、背面和戒臂上都镶嵌上成组的长方形梯方式切工钻石。

装饰艺术的出现给珠宝带来了巨大的变化，它的名字来源于1925年巴黎举行的装饰艺术博览会。这一时期的戒指看起来耳目一新的原因不仅仅是因为它们硕大的尺寸，更要归功于大胆的色彩对比，混搭在三角形、六边形、梯形（图405，图406）等几何造型中的现代切工宝石，以及区别于欧洲传统的东方图案等等。进入20世纪30年代后，装饰艺术的几何轮廓变得戏剧化和夸张化。起初只是强化戒指的直线和棱角，后来慢慢出现更有创造力的图案，发展出涡旋形、桶形、扇形和螺形的戒面。受到当时建筑风格的影响，阶梯式戒臂开始流行。尺寸成为衡量戒指的重点，人们认为即使是完美品质的小钻石或红宝石也不如指间一颗巨大的半宝石更显时髦。而铂金作为1900年以来无可争议的金属霸主，在1935年之后逐渐隐退，取而代之的是黄金。它们通过合金工艺呈现不同致色，重新出现在珠宝上。

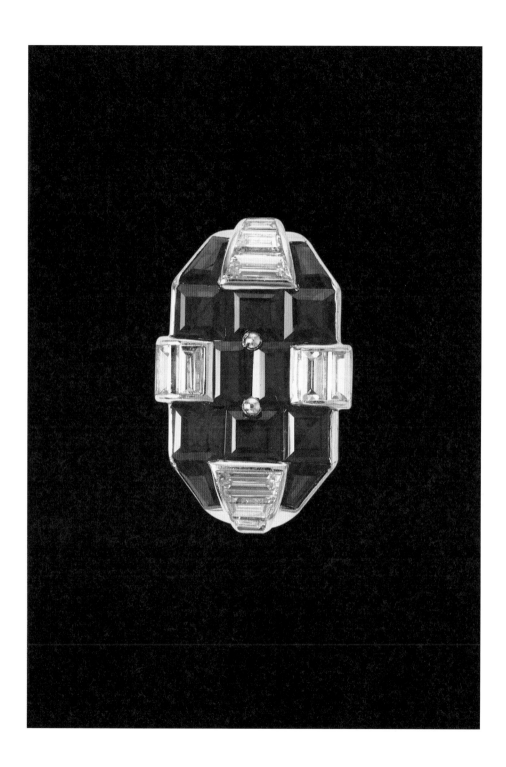

L'ART ET LA BEAUTÉ SONT DE TOUS LES TEMPS

VAN CLEEF & ARPELS
Joailliers
22, PLACE VENDÔME
PARIS LONDON
NEW-YORK

图407
梵克雅宝的一则广告，展示
一位1947年的现代女性佩戴
的多色宝石构成的自然主义
珠宝套装，包括胸针、耳夹
和戒指，画中还并列出现奥
地利的伊丽莎白肖像和她的
文艺复兴珠宝（图305），
强调"艺术与美是永恒的"。

图408 对页
1947年，卡地亚为温莎公爵
夫人制作的戒指，珊瑚被镂
空的黄金树叶皇冠环绕着，
每片树叶上都镶嵌有一颗方
形的祖母绿和小钻石。

第二次世界大战结束之后近50年的大繁荣，同样体现在装饰戒指的巨大成功。人类历史上，从未有过如此多的女性可以负担得起高品质的戒指。这一时期的主流珠宝商主要分为两大阵营，一派是以法国珠宝品牌卡地亚（Cartier，图408~图413）、宝诗龙（Boucheron）、尚美（Chaumet）、麦兰瑞（Mellerio）、梵克雅宝（Van Cleef & Arpels）和梦宝星（Mauboussin）为主导；另一派则是由意大利的宝格丽（Bulgari）和布契拉提（Buccellati），美国的温斯顿（Winston）和蒂芙尼（Tiffany），英国的吉拉德（Garrard）为主导，而这些品牌都在持续不断地生产装饰戒指。这些戒指要么用保守的设计结合极具内在价值的材质，通常被视作一种投资；要么是更具冒险精神且更时髦的鸡尾酒戒指，紧随当下女装潮流（图410，图411）。

还有一种处于主流之外的戒指，来自艺术家珠宝商。他们将具备现代艺术和科技的戒指成功推向国际，并获得大量追随者。这类戒指通常会将传统的珍贵材料、亚克力、钛金属及塑料相结合。艺术家珠宝商以及传统珠宝商的成功都一致证明戒指的持久吸引力，毫无疑问它是我们这个时代最广泛佩戴和受欢迎的珠宝品类，并以各种不同的形式和材料制作完成。即使跨越几千年，人们用戒指圈住手指的古老愿望一如既往的强烈。

图410、图411
黄金鸡尾酒戒指双视图，
1960年，纽约。卡地亚为克
劳德·卡地亚夫人设计的这
款戒指，迎合当时尺寸硕大
和色彩明快的风尚。戒臂呈
树叶状，戒面以马赛克方式
密镶红宝石、蓝宝石、祖母
绿，并点缀着更小的圆钻。

图409 对页
黄金铂金戒指，卡地亚，纽
约，1956年。戒面镶嵌圆形
的刻面蓝宝石，两侧是明亮
式切工的钻石，间隔着黄金
细绳。

图412
一枚黄金铂金戒指，带着凹槽的指环，戒面呈凸起的圆拱状，镶嵌7排大小渐变的红宝石圆珠，侧面密镶着钻石，卡地亚，巴黎，1965年。这是一件引人瞩目的设计，当佩戴者坐在桥牌桌前或在鸡尾酒会上站着聊天喝酒的时候，她的手能立刻吸引旁人的注意。

图413 对页
由8个金指环组成的戒指，展开后可以形成一个手镯，卡地亚，伦敦，1970年。菱形戒面镶嵌弧面紫水晶，周围镶嵌12颗绿松石小圆珠。

第七章
钻石戒指
THE DIAMOND RING

　　不同于其他奢侈品，钻石贯穿了整个人类历史，具有公认的价值，并且从未过时。罗马诗人尤维纳利斯（Juvenal，公元60—140年）提到过一颗曾属于公元前3世纪埃及女王——托勒密三世之妻贝丽奈西（Berenice）的著名钻石，并讽刺它是之前野蛮人阿格里帕送给他乱伦妹妹的礼物。幸存下来的戒指表明，由于罗马人还没有掌握切磨钻石的技艺，当时的钻石都是以天然原始的八面体结构或者说是"顶尖式"存在，镶嵌在镂空的戒面上（图417，图418）。因为钻石是人类已知最坚硬的物质，以致它的声望和价值非常之高，人们甚至会将水晶切割成八面体倒金字塔形状来模仿钻石的形态（图419，图420）。

　　直到14世纪，宝石切割师们终于成功实现盾形和台面切工的钻石。1399年，勃艮第公爵菲利普·勒·哈迪（Philippe Le Hardi）向法国宫廷金匠吉翰·杜·韦弗（Jehan du Viver）支付320法郎，因为他要将一颗属于大主教的巨大钻石进行切割，然后重新镶回戒指上。将切割后的钻石镶嵌在指定的图案内，例如星星、鸢尾花、十字架和花押等。然后是拱背切工，其中两个长方形钻石的上表面形成两个有角度的刻面，如同三角形顶蓬。再之后的就是心形，我们可以确定的是1410年后心形钻石肯定已经存在，因为当年约翰二十三世（Pope John XXIII）送给过贝里公爵基恩（Jean，Duc de Berry，图421）一枚镶嵌巨大心形钻石的戒指。而玛格丽

图414 对页
威尼斯钻石交易中心的活跃气氛，被这幅里多托的大师（Master of the Ridotto）画作很好地传达出来，约1760年。钻石被存放在柜台后面的架子上，由工作人员称重、检查、购买、出售和记录。生意看起来非常兴隆，这是钻石珠宝的兴盛时代。

图415 上图
来自皮埃尔·威利奥特《金匠戒指手册》中的戒指设计，1561年。

图416
天然八面体形态的棕色钻石。因其超凡的硬度而不是光彩和闪耀受到珍视，这种不可改变的八面体形状成为珠宝镶嵌过程中的一大挑战。这也是所有钻石珠宝和刻面切割技术发展的起点。

图417、图418 左下图、右下图
钻石的双金字塔天然形态展现在这枚公元3世纪晚期、4世纪早期的黄金戒指中，具有棱角分明的戒臂和高镂空的戒面。

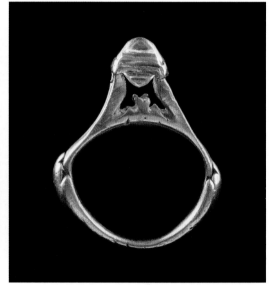

图419、图420
天然八面体可以通过抛光成
为一颗"顶尖式"钻石。这
是一枚公元3世纪的黄金戒
指，凿刻的指环、镂空戒
面，这里的"顶尖式"其实
是用一颗水晶仿制的。

特·德·布雷塔涅（Marguerite de Bretagne，1469年）的珠宝清单中所列的戒指则说明珐琅对钻戒的装饰作用，"一颗极大的刻面钻石如同一朵花一样镶嵌在蓝色珐琅装饰的黄金戒指上……一枚钻石花朵戒指装饰着雏菊图案，以及一颗小一点的台面切工钻石镶嵌在装饰三色堇的黑色珐琅指环上"。

由于这些记录中的实物已经消失，因此在柴郡曼利发现的这枚14世纪锻造精良的爱情戒指，戒面镶嵌顶尖式切工黑色钻石，一时激起所有人的浓厚兴趣。这枚曾经覆盖珐琅的指环，雕刻着铭文"忠诚永无止境"。字母V和A被包裹在戒臂的镂空菱形框内，同样是镂空的戒面侧边，包含着星星、加冕的心以及镂空三叶草的符号。它之所以如此出众，是由于流传到现在的其他中世纪戒指都远比它简单得多，顶尖式钻石大多数也仅仅是简单地镶嵌在马镫形或箱盒式戒面中。这并不是说钻石不受到重视，恰恰相反，佛罗伦萨银行家科西莫·德·美第奇（Cosimo de Medici，1389—1464年）甚至将三枚这样交错的戒指图案作为家族纹章，并且他的后代们还由此演变出不同的衍生变形体。

钻石因为质地坚硬，在当时具备无可比拟的超强耐火性和耐铁锤撞击性，所以钻戒也被认为是婚姻誓言中承诺忠诚的象征。这个理念在1475年5月25日科斯坦佐·斯福尔扎（Costanzo Sforza）和卡米拉·德拉格纳（Camilla d'Aragona）在佩萨罗的婚礼中得到很好的体

图421
贝里公爵基恩，那个年代最伟大的收藏家，正在以一种不容置疑的权威态度审视一批宝石。他的收藏清单上列举出镶嵌钻石的珠宝和戒指。布锡考特大师（Boucicaut Master）绘制的微绘画，约1410年。

图422、图423

14世纪镶嵌黑色顶尖式钻石黄金戒指双视图，发现于柴郡。在指环的两侧都能看到，铭文"忠诚永无止境"镂空戒臂包含着字母V和A，镂空戒面上装饰加冕的心、镂空三叶草和星星。这枚戒指很可能是爱德华三世送给雅各布·凡·阿特韦德（Jacob van Artevelde）的礼物，他是一位富有的弗拉芒纺织制造商，百年战争中国王的亲密盟友，也是国王第三个儿子——冈特的约翰的教父。

图424
婚姻之神许门的微绘画,正
在主持1475年科斯坦佐·斯
福尔扎和卡米拉·德拉格纳
在佩萨罗的婚礼。他的束腰
外衣上装饰有顶尖式钻石戒
指的图案,他手里握着婚姻
的火炬,站在祭坛前,祭坛
上的两束火炬象征着一对新
人,由一颗顶尖式切工钻石
戒指绑在一起。

现,这一幕被记录在一本32张微绘画的手册中。他们还绘
制了年轻英俊的婚姻之神许门(Hymen),他头戴玫瑰花
冠,身穿火焰和钻石戒指图案的束腰外衣,还有站立在祭
坛上的两束燃烧的火炬由一枚巨大的钻石戒指连接在一
起。它们的意义被表达成诗:

> 戒指中的两束燃烧的火炬啊,
>
> 两个愿望,两颗心,两份激情,
>
> 由一颗钻石将之从此结合进婚姻的契约里。

它所引发的共鸣之强烈以至于整个16世纪的皇室婚姻
中,没有一个不使用钻石戒指。因此,根据雅各布斯·迪
波提乌斯的说法,1527年安古莱姆的玛格丽特和纳瓦拉的
亨利二世婚礼上使用的钻石戒指象征国王和王后被永恒的
爱情绑在一起,戒臂上的聚宝盆象征从他们的幸福中接踵
而至的繁荣。这样的情感也同样记录在弗朗索瓦一世的司
库大人之妻米歇尔的珠宝清单中(1532年),她记录道"一
条挂满钻石戒指的小金链子,每一枚价值200~300法郎,
代表着我们婚姻中的每一个纪念日,所以得到它们的时候
我都非常开心,而每一次在柜子中看到它们,也仿佛在提
醒我那终生难忘的欢乐时光。"

图425

托莱多的埃莉诺的肖像画，她是科西莫·德·美
第奇公爵的妻子，阿尼奥洛·布伦齐诺（Agnolo
Bronzino）绘制，约1543年。她的手放在胸前以
示忠诚。食指上戴着她的结婚戒指，四瓣花型戒
面镶嵌一颗台面切工钻石，小指上的是她的印章
戒指，镶嵌凹雕宝石，图案是两个丰饶角和一双
交握的手。

图426
最早镶嵌彩色钻石的戒指之
一，棕色顶尖式切工钻石镶
嵌在凸起的箱盒戒面内，16
世纪黄金戒指。

图427
16世纪黄金戒指，突出的戒
臂，高耸的箱盒式戒面，较
长的两边可以看出分成两个
小拱，镶嵌顶尖式切工钻
石。顶尖式钻石还可以用来
在玻璃上书写和铭刻。

尽管有记录表明雅各布·达·特雷佐
（Jacopo da Trezzo）——西班牙菲利普二世的御
用米兰珠宝商和宝石雕刻师，以及他的同伴克
莱门特·比拉戈（Clemente Birago），成功地在
钻石上雕刻出纹章和肖像，但是这些非凡的成
就似乎已经无迹可循。不过，刻有美第奇纹章
的钻石幸存了下来，查理一世和王后的凹雕纹
章也被保存在皇室收藏中，此外还有皇帝鲁道
夫二世的纹章则保存在维也纳的历史博物馆里。

　　与此同时，金匠们利用现有的切工——顶
尖式（图426）、台面和三角形，将戒指的设
计演变成更加精致具有雕塑特征的风格，并装
饰明亮的珐琅。顶尖切工继续被使用，当它们
几个一组被镶嵌在一起会产生惊人的效果，如
同一颗星星（图432），或是一只刺猬。此外，
四瓣花戒面再细分成不同的拱形，较低一层雕
刻卷纹，丝带和阿拉伯式花饰施以珐琅，戒臂
向外突出（图427～图431）。钻石的品质也被
增强，瑕疵被箔纸掩盖，本韦努托·切里尼
（Benvenuto Cellini）记录描述过这种技术。

图428、图429 右上图、右下图
16世纪黄金戒指双视图。四瓣花
戒面镶嵌一颗顶尖式切工钻石，
雕镂部分之前都有珐琅，叶状装
饰的戒臂。

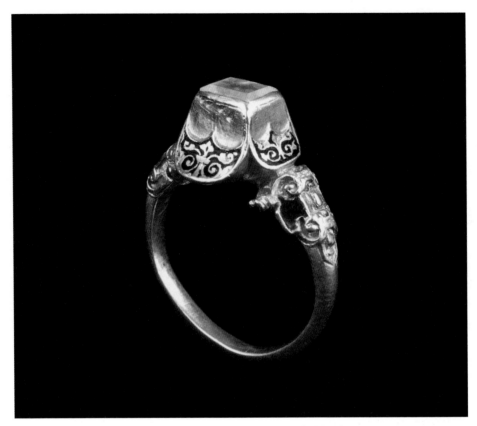

图430
16世纪黄金戒指，四瓣花戒面镶嵌台面切工钻石，花瓣雕镂黑色珐琅鸢尾花，突出的戒臂装饰有浮饰和带状纹饰。

图431 对页
16世纪中期黄金戒指，复杂的戒面造型镶嵌四颗三角形切工钻石，突出的戒臂，环绕指环一圈的台面切割钻石。指环内侧是黑白珐琅交错的带状纹饰。

大约1600年开始，戒指上的宝石变得比设计更为重要，从而标志着金匠们黄金时代的结束。金属被简化为框架，珐琅也被局限于黑白小细节（图435，图438）。随着刻面技术的进步，钻石进一步巩固其作为最珍贵宝石的地位，早期的顶尖式和台面式切工被玫瑰切工取代，这种新形式的切工可以释放出宝石更多的光芒（图435，图438，图439）。1660年明亮式切工问世，巴黎珠宝商罗伯特·德·贝尔肯（Robert de Berquen）称赞那颗钻石如同是"宝石中闪耀的太阳"。随着这一发展，银取代黄金成为钻石镶嵌的首选金属，以避免金属的黄色反射影响到钻石的白色光泽。单颗大钻石通常镶嵌在盒式戒面上，或者扣在鹰爪内（图434），但大多数小钻石都是以团簇式镶嵌成椭圆、圆形（图440）、十字形，又或是标准的七石戒指造型，即中间一颗较大的钻石、左右两侧各三颗小钻石（图441，图442）。同以前一样，不论是英国国王詹姆斯二世，还是塞缪尔·佩皮斯夫人的姑姑，钻石一直是富贵人家结婚戒指的首选。由于它的稀缺性、美丽和保值，君主们都无法拒绝钻石的魅力，并将钻石戒指作为忠诚服务的奖励和外交礼物，尤其是在两个国家

图432 对页
16世纪中期黄金戒指，凸起的戒面镶嵌五颗顶尖式切工钻石，如同一颗星星。卷纹戒臂在两颗台面切工的钻石中间镶嵌一颗红宝石，雕刻的卷纹指环。

图433
盒式戒面镶嵌顶尖式切工钻石的黄金戒指，戒臂之前有黑色珐琅一直延续到戒面的侧边，约1600年。

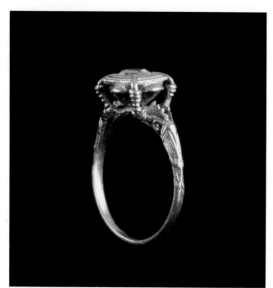

图434
黄金戒指，戒臂雕镂卷纹，
倒金字塔戒面镶嵌的台面切
割钻石被鹰爪擒住，约1620
年。由于当时认为钻石具有
耐火和耐锤凿性，人们将它
与朱庇特的力量联系在一
起，而老鹰正是朱庇特的化
身之一。

图436 对页上图
黄金戒指，盒式戒面镶嵌
1颗台面切工钻石，两侧各
1颗小钻石，底座是锯齿纹
状，约1660年。

图437 对页中图
17世纪黄金戒指，百合花造
型戒面镶嵌台面切工钻石。
这种以小钻石设计的底座样
式通常具有纹章或宗教意
义，例如这里的百合是圣母
的象征。

图435、图438 右图、对页
下图
黄金戒指双视图，六边形戒
面镶嵌一颗玫瑰切工钻石，
约1610年。戒面侧边的黑色
图案一直延伸至戒臂，黑色
珐琅的工艺显示出这枚戒指
的年代久远，镶嵌1颗珍贵
的玫瑰切工钻石。

图439
单颗的玫瑰切工钻石镶嵌在
雕刻叶状纹饰的黑色珐琅戒
臂之间，17世纪黄金戒指。

图440
西班牙黄金暗盒式戒指，约
1700年。圆形团簇戒面镶嵌
八颗玫瑰切工钻石，环绕在
中心较大的同切工钻石外
侧。暗盒内部和戒面外侧的
拱形面，以及雕刻叶状纹饰
的戒臂，都覆盖白色珐琅。

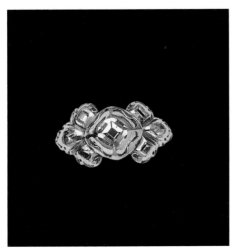

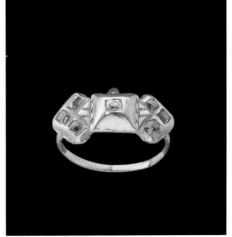

图441
17世纪为小钻石设计的标准七石
戒指底座，这枚黄金戒指在戒面
中间较大的钻石两侧各镶嵌3颗
台面切工小钻石，以菱形方式放
置，筒夹是锯齿纹状。

图442
另一个17世纪七石戒指的设
计，戒面中间凸出的锯齿纹
盒式筒夹镶嵌1颗台面切工
钻石，两侧各有3颗台面切
工的小钻石。

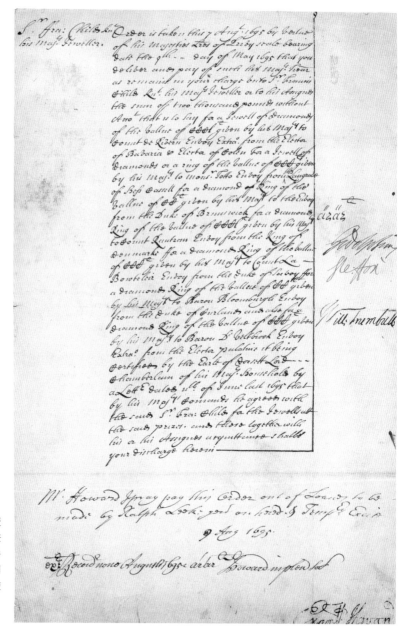

图443

1695年的一项财务命令，授权支付6000法郎给珠宝商兼银行家弗朗西斯·柴尔德爵士（Sir Francis Child），用以支付他为威廉三世的大使们制作的钻石戒指，伦敦，1695年。

签订条约的时候。1604年的萨默塞特会议结束了英格兰和西班牙之间的战争，为两国带来和平。由于戒指礼物象征着双方的结盟，当詹姆斯一世在会议后与卡斯蒂利亚的最高长官告别时，多次表示出他的喜爱和礼貌。他从手上取下一枚镶嵌大钻石的戒指赠予这位最高长官，以纪念这场英西之间的"婚姻"，正如他之前形容英法之间的和平一样。

葡萄牙人于1727年在巴西米纳斯吉拉斯发现钻矿，钻石的供应一时间激增，伴随着切割技术的进步，使得巴黎珠宝商J. H. 普爵在他的《珍贵宝石论著》（*Traité des Pierres précierses*，1762年）中写道"我们现在正处于一个钻石的年代"。明亮式切工的单颗钻石（图445）是当时最受欢迎的宝石，在绅士和女士们的指间散发出夺目的光彩，尤其是衬托着宽大的蕾丝边衣袖，让人印象深刻。在法国，人们对彩色宝石有独特的偏好，为满足这种需求，一部分的钻石会被人工着色制作成一系列精美的颜色。和以前一样，较小的钻石会被团簇式镶嵌在一起搭配纤细的指环和分叉式戒臂（图446~图449），空洞位置会用贝壳、叶子或者花朵等图案进行丰富。与流行于所有装饰艺术中的自

图444
18世纪中期肖像画，一位珠宝商正坐在自己位于佛兰德斯梅克林的家中。画家在他身后的架子上摆放着一个装小鸡的篮子，作为他名字的双关语——库肯（Kuyken）。

然主义风格一致，花卉、昆虫（图450）和鸟这一类图案也会被运用到钻石珠宝上。

1770年左右，在新古典主义的影响下，风尚也随之发生变化。椭圆形（图451）、八边形、菱形等对称的几何形状开始大行其道，并且尺寸大到可以一直覆盖到指关节。而这样的戒面尺寸也为宝石的各种图案提供了空间，尤其是钻石，可以组合成花束，或只是简单地散布在皇家蓝的底面上。L. S. 梅塞尔（Mercier）在他的《巴黎舞台》（*Le Tableau de Paris*，1788年）中观察并记录下这些风尚，他遗憾地指出，塞内卡所抨击的罗马妇女的奢侈铺张如今在整个巴黎随处可见，"每个人都必须佩戴一颗大钻石，一颗被镶嵌在椭圆、圆形或者菱形戒面上的大钻石"。他还注意到，在奥福尔码头销售珠宝的一个女人，"手指上戴着一颗超级钻石"，她非常清楚它的效果和作用，在给银器和宝石称重时，以及比划

图445
明亮式切工钻石单独镶嵌在方形盒式戒面上，18世纪金银混镶戒指。

图446 对页上图
18世纪中期金银混镶戒指，圆形团簇式戒面镶嵌明亮式切工钻石，外围还有一圈更小的钻石边框。

图447 对页中图
镂空戒面上四颗钻石围绕在红宝石周围，18世纪金银混镶戒指。

图448 对页下图
这枚18世纪金银混镶戒指，方形戒面镶嵌一颗巨大的明亮式切工钻石，边框围绕一圈较小的明亮式切工钻石，分叉戒臂处还装饰有一颗钻石。

图451 对页
巨大的椭圆形戒面是18世纪晚期的一种典型形式，从戒面中心的大钻石周围发散出来一些小钻石，衬托在蓝紫色底面上，外围还有一圈小钻石边框。金银混镶戒指，约1785年。

图449
这枚18世纪金银混镶戒指的圆形团簇式戒面，由5颗大钻石和8颗较小的明亮式切工钻石组成，巴黎制作。

图450
戒面是一只苍蝇的造型，翅膀和身体部分镶嵌玫瑰切工钻石，展示出18世纪中期自然主义珠宝的风格品位。

图452
18世纪金银混镶戒指，戒臂
镶嵌钻石，团簇式戒面镶嵌
1颗大钻石和4颗小钻石，并
在其中穿插一些更小的钻石。

图453
5颗钻石与成对的小钻石交
替镶嵌在这枚金银混镶的半
环戒指上。18世纪晚期—19
世纪早期。

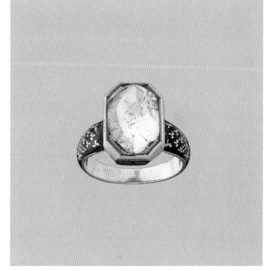

图454
约1760年的黄金戒指，很可能是法国制作。整个戒面在银上密镶钻石，形成"绿人"的头部，这是一件罕见的以钻石制作的卡梅奥浮雕风格头像。

图455
18世纪晚期黄金戒指，八边形戒面上是一颗竖向放置的钻石，戒臂装饰的是皇家蓝珐琅和三叶草图案。

货架上的物品时，总是不慌不忙地不经意晃动手指，帮助她的客人做决定。

巴黎珠宝商奥伯特的历史记录为我们提供了一些已经消失的精美珠宝设计的信息。例如，白色主石和外围红宝石、蓝宝石的色彩对比，来自"一枚古董戒指镶嵌明亮式切工鲜黄色钻石，两侧辅以三列红宝石"，这枚戒指当年被出售给苏比斯王子（Prince de Soubise，1779年）。摩纳哥公主订制的不同式样的钻石戒指，包括1769年的方形，1767年的钻石花朵，1767年的钻石蝴蝶结。还有凡纳伊特侯爵夫人（Marquise de Vernouillet）订购的一套由24颗明亮式切工钻石制作的蝴蝶结套装。根据记录，奥伯特自己也同样会使用奢华的情感戒指，把自己打扮得超凡出众，他的结婚戒指是用黄色和白色钻石制作而成，还有一枚满镶的双环戒指，指环上镶嵌24颗钻石，并在内侧雕刻铭文。1773年，劳尊公爵（Duc de Lauzun）想要以最昂贵的方式向他的情人示爱，于是奥伯特为他制作出一枚迷人的戒指，主石是一颗雕刻双心的钻石，周围被大量染成绿色的玫瑰切工钻石环绕。

"苍穹"戒指和"分娩"戒指是法国人为庆祝1785年国王路易十六和他的妻子玛丽·安托瓦内特孕育子嗣以及之后皇太子出生的两个创新设计。其中，苍穹戒指是由众多小钻石点缀在底面上，令它们看起来就像夜空中的月亮和星星一样闪耀，而分娩戒指则是在小钻石中间镶嵌一颗大钻石。还有一个设计也很有新意，就是使用钻石来拼写出一句箴言或是一条短语，例如"纪念"或者"友情"，而在此之前表达这种寓意，通常是一双紧握的手或是心形图案（参照第二章）。

进入1800年，尽管带有白边的皇家蓝底面依旧流行，但细长的新古典主义形状逐渐被横向的方形和圆形边框所替代。指环也开始变得更宽，有时可能会是好几个指圈并在一起，半环式戒指也会被几个一组地戴在同一根手指上，就如同手腕上同时戴几个手镯一样。当《女性博物馆月刊》（*The Ladies' Monthly Museum*）

图457
金银混镶戒指，约1800年，方形团簇式戒面镶嵌
1颗明亮式切工钻石，边框每边4颗相似切工的小
钻石，细长素面的指环与之形成对比。

报道称"富裕阶层大量佩戴钻石，几乎所有人都希望拥有一枚这种昂贵宝石的戒指或胸针"时，我们不难得知，在当时这种品位为男人和女人所共享。在爱尔兰演员迈克尔·凯利（Michael Kelly）的回忆录中描述到他每天晚上是如何穿戴着金银丝线刺绣的外套，伴随蕾丝花边和双手小指上的钻石戒指，以便让自己"看不出一点儿'爱尔兰人'的气息"。达夫琳夫人（Lady Dufferin）回忆，在社交场合上，年轻的本杰明·迪斯雷利（Benjamin Disraeli）在人群中脱颖而出，正是因为他的白手套上戴着几枚闪闪发光的戒指。在巴尔扎克的小说《家庭的和睦》（La Paix du ménage，1830年）里，年轻的男爵左手戴着一枚非常漂亮的明亮式切工钻石戒指，吸引了德·苏朗日夫人（Madame de Soulages）的注意和兴趣。这一时期的大部分设计都是早期风格的复兴，特别是18世纪的苍穹戒指，有12颗星星闪耀在蓝色底面上，这时候也被称作"新年指环"，成为一种非常受喜爱的新年礼物。

图458 右上图
19世纪早期金银混镶戒指，团簇式戒面镶嵌1颗明亮式切工钻石，周围8颗稍小一些的钻石，再外圈还有8颗小钻石。

图459 右下图
黄金戒指的镂空圆形戒面上包含15颗来自印度的明亮式切工钻石，内侧标注日期1862年。

19世纪下半叶，首饰流行趋势再度发生变化，手镯渐渐取代戒指作为情感珠宝的主流。因此，戒指被越来越多地作为财富的象征而佩戴。1867年以后，当南非钻石进入到市场，更多大克拉的钻石开始出现。我们之前在第二章的时候已经提到过，新娘会习惯性地期待两枚戒指——一枚订婚戒指，一枚结婚戒指，后者现在就是一个素环，但订婚戒指通常会镶嵌上新郎财力所及的最昂贵的宝石。由于钻石，不论大小，都比其他宝石更加吸引眼球，所以它当之无愧地成为大多数订婚戒指的首选，正如同过去的几个世纪里，钻石也一直是婚戒的首选宝石一样。随着需求的增加，珠宝商开始用产品目录展示钻戒款式，不同大小的单颗钻石镶嵌，小钻石组成的半月形状，双层或单层的团簇款式，以及平面或交错的各种设计，其中最便宜的钻戒只需要2英镑，从这一时期开始，宝石被普及化，钻戒也进入到更多人的生活。1886年蒂芙尼品牌首创的钻戒"蒂芙尼镶嵌"法，是将钻石托起于指环之上，由六个铂金爪固定，让四面八方的光都可以照射进来。还有一种大量充斥市场的"吉普赛镶嵌"，是把钻石嵌在黄金里，与雕刻的光滑表面齐平，给人一种类似星星的印象，也是当时非常受人喜爱的款式。

每个女性内心都渴望自己的挚友或贵客一起喝茶时，能够注意到自己手上的钻石戒指，无论这枚钻戒的大小尺寸。玛丽·伊丽莎白·布莱登（Mary Elizabeth Braddon）曾在她的小说《奥德利夫人的秘密》（*Lady Audley's Secret*, 1890）中描述过这一内心活动：

露西·奥德利缓缓地将自己注意力从那些娇贵的瓷器杯子中抽离出来。一位可爱的女性在沏茶时会顺理成章地显得更有魅力，她将她女性的柔美和持

图460
这枚金银混镶戒指的戒面由明亮式切工钻石组成，中间高耸的主石被两圈小钻石包围，很可能是一件18世纪团簇式戒面的重新镶嵌。雕镂卷纹的指环是19世纪上半叶制作。

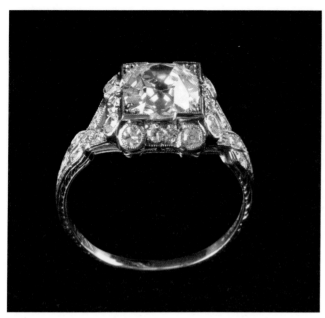

图463 对页
一颗明亮式切工粉色钻石非常瞩目地展示在这枚铂金戒指的镂空戒面上，戒臂分别镶嵌一颗梯方式切工钻石。尚美，巴黎，1915年。

图461
铂金滚珠边戒指，约1910年。方形戒面镶嵌明亮式切工钻石，交错的钻石戒臂上方是一圈筒镶钻石一直延展到戒面的侧边。

图462
铂金滚珠边戒指，约1925年。戒臂密镶圆形切工钻石，正中是一颗梯方式切工钻石，台阶型戒面镶嵌三颗梯方式切工钻石，外沿是三角形蓝宝石和钻石组合成的三角形。这些几何元素和建筑特色是装饰艺术时期戒指的典型特征。

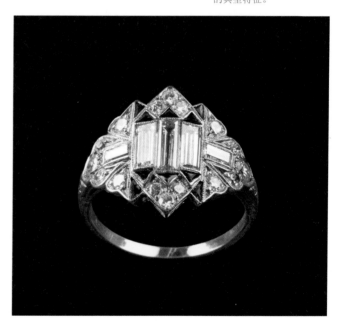

图464
玫瑰金戒指，美国，约1935年。边框的两道钻石线条框住中间高耸的戒面，渐渐爬升的台阶造型走向正中。

家的快乐倾注在沏茶上，使得她的每一个动作都更为和谐，就连眼神也变得格外魅惑……而那颗钻石在她苍白而繁忙的手指上如星星般闪耀，点亮了周遭的茶具。

因为铂金的轻量化和中性色调（图461，图462），铂金镶嵌在20世纪大部分时间里一直是主流。用以固定宝石的金属边缘可以被打造成细小珠粒，这种技术被称为"滚珠边"，它可以更好地捕捉和反射光线，为钻石增添闪耀的光彩。各式各样新型的宝石切工被组合在一起，为白色珠宝增添更多变化。20世纪30年代黄金的回归（图463，图464）曾经导致铂金的统治地位一度受到挑战，而在第二次世界大战之后，这两种金属可以说是并驾齐驱（图465，图466）。尽管如此，在这个世纪接下来的岁月里，对于主流珠宝商的顾客来说，素面铂金指环始终是大颗粒独钻的最优选择。现代钻石技术的巨大进步使得人们更加重视钻石切工的数字精密度，而不仅仅是镶嵌方式。宝石的切磨技术与精巧的镶嵌工艺相得益彰，赋予现代钻戒超越历史的独特之美。

图465、图466
玫瑰金戒指双视图，约1940
年。宽指环和巨大的双丝带
戒面密镶钻石，两侧外围各
有一道红宝石线条。

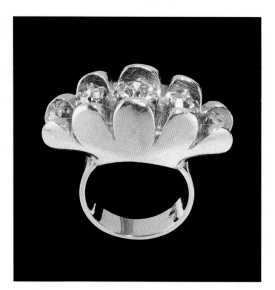

图467

黄金戒指，基恩·富凯（Jean Fouquet），巴黎，约1950年。巨大的戒面是一朵开放的花，花瓣托住五颗并排镶嵌的尺寸渐变的明亮式切工钻石。

图469 对页
趴着的老虎造型黄金戒指，卡地亚，巴黎，1982年。老虎的皮毛是密镶的黄钻，条纹是黑玛瑙，眼睛是水滴形祖母绿。贞·杜桑（Jeanne Toussaint）在20世纪40年代推出这款设计，并被芭芭拉·霍顿（Barbara Hutton）和温莎公爵夫人所喜爱，一直流行至今从未过时。

图468

黄金铂金戒指，卡地亚，1949年。由两枚更早期的戒指改造而成，黑色玛瑙和钻石的对比组成经典的黑白造型。它有一个宽大的玛瑙指环，镶满钻石的V字形戒臂。椭圆形戒面密镶圆形切工和梯方式切工钻石，中间是一颗明亮式切工钻石主石。

THE TIME IS NOW ON HAND

And We Wouldn't Trust a Grandfather Clock Not to get Fast in such a Charming Position.

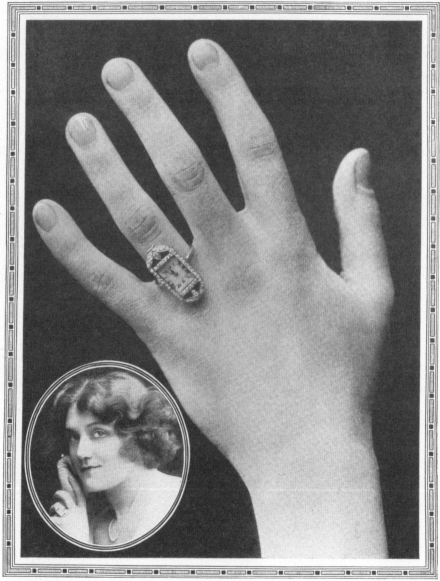

Malcolm Arbuthnot

MISS BLANCHE TOMLIN——AND HAND

第八章
功能戒指

THE RING AS AN ACCESSORY

数个世纪以来，戒指一直是最方便佩戴和实用的首饰，除了印章戒指可用于封印文件之外，戒指还有许多实用功能。它们可能会被搭配在香水瓶、望远镜和手帕上，或者是在戒指内嵌入小表盘，还可以被人用于财产密钥和隐藏毒药。戒指由于是随身佩戴之物，主人使用起来唾手可得非常方便。从公元1世纪开始直到中世纪早期，装有贵重物品的锁箱铜钥匙经常会连接在戒指上。当一个罗马妇女或是中世纪妇女在结婚时收到一枚这样的戒指，就表示她负责家务的同时也被赋予掌管家庭财政的权利（图472）。

浑天仪是最早用来计量时间的仪器（图473，图474），之后出现通过复杂机械零件运动进行计时的钟表，后者迅速成为文艺复兴之后戒指制造商们的关注点之一。奥兰治王子（Prince of Orange，1618年卒）的收藏清单上就记录过一枚机械机芯的黄金戒指表。然而直到1753年，才终于有人研制出这种小尺寸的准确计时机芯，当时的年轻制表师皮埃尔-奥古斯丁·卡隆·德·博马舍（Pierre-Augustin Caron de Beaumarchais，也是著名的《费加罗的婚礼》的作者）发明了一种新的擒纵装置，他将这种新技术运用在给蓬巴杜夫人和路易十五的戒指表机芯上。这些小巧优雅的戒指表走时非常准确，可以一周内分秒不差。博马尔凯的这种独特技术很快被盗用，并被当时巴黎有地位的制表商和珠宝商们效仿，成为皇室和贵族们的首选（图475）。其中最著名的一位——奥伯特，

图470 对页
女演员布兰切·汤姆林（Blanche Tomlin）的照片，她戴着一枚18世纪风格的戒指表，不仅可以装饰手指还十分实用。手表被嵌在黑玛瑙和钻石制作的橄榄型戒面上。《尚流》杂志（The Tatler），1916年。

图471 上图
戒指表设计图，来自皮埃尔·威利奥特《金匠戒指手册》，1561年。

图472
罗马时期青铜钥匙戒指，公元2世纪。平整的戒面上雕刻着站立的塞拉皮斯和伊西斯。

图473、图474 左下图、右下图
17世纪黄金戒指的双视图。这枚戒指的主人对自然科学十分感兴趣，四个指环整齐紧密地连接在一起，成对打开之后可以构成一个浑天仪。

图475
法国金银混镶戒指表，约
1760年。表盘装饰钻石边
框，戒臂上的花朵镶嵌钻石。

图476
金银混镶戒指表，约1780年。红色珐琅的修长八
边形戒面，正中的圆形表盘边框围镶钻石。珐琅
图案是一个被花束包围的火炬和箭筒，表明这枚
戒指是一件结婚礼物。

图477、图478
黄金戒指表的双视图，约
1910年。表盘外圈有玫瑰切
工钻石和绿色玑镂珐琅，戒
臂同样有着绿色珐琅的花卉
纹饰。搭配同色的礼服会让
这枚戒指在佩戴者身上相得
益彰。

于1774年为凡尔纳侯爵制作了一枚有钻石边框和钻石按钮的戒指表。钟表也一直是情侣间的爱情礼物（图476），所以会常常见到珐琅绘制的经典爱情场景画面以及和爱情有关的符号和铭文。由于戒指的有限尺寸和空间，以及戒指表的复杂精密工艺，直到18世纪末期才开始在戒指表上加入象征主义的装饰元素，这当然也归功于当时流行的大戒面，可以将表达不同意思的象征符号装饰在表盘的上下两侧。不过随着时代发展，19世纪的人们更流行将表戴在脖子上或是挂在腰链上，而进入20世纪，腕表又异军突起成为一种大众佩戴款式。如今，尽管钟表的款式已经繁复多样，而戒指表也渐渐淡出主流浪潮，但它却从未消亡，我们依然可以看到不断更新的戒指表设计款式，以满足当下时尚人士的配搭需要（图477～图479）。

公元前183年，伟大的迦太基士兵汉尼拔（Hannibal）吞食藏在戒指中的毒药，结束了自己的生命。正如尤维纳利斯记录的，"这个生命曾经带给人类浩劫，但终结他的不是刀剑、岩石或标枪，而是一枚'小戒指'。这枚戒指为所有的流血牺牲血债血偿，是来自坎尼的伟大复仇者。"公元前216年战胜罗马军队后，汉尼拔取下罗马人尸体上的戒指并送回家乡，而最终他的结局却是用自己戒指里的毒药了结生命。从那以后，人们习惯将这种内藏暗格的戒指取名"毒药戒指"（图480）。近代的数学家、哲学家和政治家孔多塞侯爵（Marquis de Condorcet）在1794年被捕后，选择吞服戒指中的毒药而免遭刑场断头的命运。据说后来有些想自杀的人会专门委托制作这类戒指，特别是那些因爱悲伤欲绝的人们。

图479
一枚戒指表能够为佩戴者的服装以及其他装饰艺术风格珠宝增光添彩。长方形表盘上覆盖着一片弧面水晶，两端则镶嵌玫瑰切工钻石，用玫瑰色与灰色两种K金制成，约1940年。

图480
黄金"毒药"戒指，马库斯，
纽约，约1890年。盒式戒面
上方镶嵌一颗刻面祖母绿，
打开是一个暗格。

图481 对页
一枚黄金戒指，通过两条细
链连接着香水瓶，珐琅装饰
的黑色表面上点缀着花朵和
蝴蝶衬托，瓶身底部有一位
年轻女士的微绘画像，约
1830年。

　　19世纪上半叶，各种各样的配饰都可
以通过细链连接在戒指上，例如望远镜和
香盒。肖像画中的优雅女士们，手上戴着
有细链的戒指，另一端悬挂装有香水的漂
亮小盒子（图481）。其中有一种款式特别
受贝里公爵夫人玛利亚·卡洛琳娜（Maria
Carolina）所喜爱，因此在法国被称为"卡
洛琳"戒指。正如1827年《女士邮报》（*Le
Petit Courrier des Dames*）中报道："在我们
看来，来自黎塞留街51号，泰西埃·普雷
沃斯先生制作的卡洛琳戒指，是当下馈赠
者与接受者最爱不释手的礼物。这件赢得
贝里公爵夫人芳心的迷人珠宝，在原创性
和精巧性方面可谓独占鳌头，随处可见品
位卓绝的时髦女性佩戴着它们。珐琅或漆
器工艺制作的戒指，通过细链与存放着香
水或香氛的小香盒连接在一起，只需要轻
轻一点那华丽的按钮，就可以将其打开。"

对于一些喜欢卖弄风情的女性来说，她们喜欢将这样的戒指左右晃动来吸引别人的注意。而在夏天，它的实用功能也可以作为扇子的另一种替代。维多利亚女王最为人称道的就是喜欢将小香盒握在掌中，以防万一在公开场合感到晕眩，可以立即使用。而手帕戒指是当时的另一个改良（图483），1870年的《年轻女士期刊》（*Young lady's Journal*）中指出："这种漂亮的发明由两个黄金指环组成，一个戴在小指上，通过细小金链连接到另一个刻有主人名字的八角形指环，手帕可以从这个指环中穿过。"同样实用的还有日历戒指（图482），上面可以罗列出一年中的月份和一周中的哪一天。1828年的《女士邮报》证实道，"它们有着如此大的受众，使得珠宝商们不断尝试令它们变得更加有吸引力"。所有这些配件的魅力都在于它们的袖珍尺寸，但同时，这也给那些希望珠宝能兼具魅力和功能性的设计师们带来诸多局限。

图482 对页上图
黄金日历戒指，约1830年。指环上用黑色珐琅刻画的数字以及字母图形表示星期和月份。

图483 对页下图
约1870年的一枚黄金戒指，通过链子连接手帕或香水瓶。指环上刻着主人的名字，F. FOWLER。讲究的人可能会先将手帕喷上香水再系于指环上。

内文注解

Full details of works given in short-title form will be found in the Bibliography, pp. 350–53.

1 SIGNETS (PP. 9–57)

1 Henig and Scarisbrick, *Finger Rings ... in the Ashmolean Museum*, p. 16, pl. 1, no.2.
2 Wilkinson, *Ancient Egyptian Jewellery*, p. 8, fig. 4.
3 Boardman, *Greek Gems and Finger Rings*, is the best account of rings of the ancient Greeks.
4 Cicero, *De Finibus bonorum et malorum*, ed. H. Rackham, London 1914, V, 1, p. 393.
5 See M. Henig, 'Roman Seal Stones', in Collon, *Seven Thousand Years of Seals*, pp. 88–103, for a survey of the variety of devices on Roman signets from the early Republic to the late Empire.
6 Pliny, *Letters*, X, 70 (74, 16).
7 St Clement of Alexandria, *Paedogogus*, III, chap. 11, 12.
8 Vikan, 'Early Christian and Byzantine Rings in the Zucker Family Collection', pp. 32–43.
9 Quoted by Oman, *Catalogue ... Victoria and Albert Museum*, p. 13.
10 MacGregor, 'The Afterlife of Childeric's Ring'.
11 Deloche, *Les Anneaux sigillaires*, pp. xviii–xxi.
12 Oman, *Catalogue ... Victoria and Albert Museum*, no. 228. Now in the Victoria & Albert Museum Collection.
13 Joinville, *Histoire de Saint Louis*, p. 251.
14 Oman, *Catalogue ... Victoria and Albert Museum*, no. 534.
15 Scarisbrick, 'The Reappearance of a Medieval Ring', p. 11, reports that this ring, according to the Society of Antiquaries Minute Book for 27 January 1763, vol. 9, p. 43, was found in the year 1760 near Sandal Castle in Yorkshire. Although the then owner asked for an interpretation of the inscription it was so puzzling that none was offered.
16 Hinton, *Gold and Gilt*, p. 241.
17 *Gothic Art for England*, p. 205.
18 Tudor Craig, *Richard III*, no. 208, p. 77.
19 Oman, *Catalogue ... Victoria and Albert Museum*, p. 11.
20 Hinton, *Gold and Gilt*, p. 241.
21 Montaigne, *Essais*, bk III, chap. 9.
22 Treasure Annual Report 2000, Department for Culture, Media and Sport, no. 159, p. 85.
23 *Mémoires de la Société impériale des Antiquaires de France*, 3rd ser., X, 1868, pp. 21–66.
24 H. Forsyth and A. Bryson, 'Gamaliell Pye, Citizen of London, A Newly Discovered City Portrait', *British Art Journal*, vol. VI, no. 1, Spring/Summer 2005, pp. 62–70.
25 Oman, *British Rings*, p. 31.
26 Treasure Annual Report 2000, no. 161, p. 86.
27 Treasure Annual Report, 2001, no. 132, p. 74. Now in Birmingham City Art Gallery.
28 Forsyth, *The Cheapside Hoard*, pp. 58–59.
29 Spink, *Catalogue of ... the Property of Earl Spencer*, no. 115.
30 P. Eudel, *L'Hôtel Drouot et la Curiosité en 1883–4*, Paris 1885, p. 73.
31 Raspe and Tassie, *A Descriptive Catalogue of Engraved Gems*.
32 Mariette, *Traité des Pierres gravées*, I, p. 237.
33 Aubert Papers, Archives Nationales, Paris, T. 411A, fol. 12.
34 Lewin, *The Lewin Letters*, II, p. 17.
35 Galway, *The Past Revisited*, p. 20.
36 Dalton, *Catalogue ... British Museum*, no. 316. Intaglio, 16th century, identified as French, dating from the time of her marriage with François II; the copy illustrates the interest in the life and death of Mary Stuart during the Romantic period.
37 Maxime Du Camp, *Souvenirs Littéraires 1822–44*, Paris 1962, p. 42.
38 J. Maas, *Holman Hunt and the Light of the World*, London 1984, p. 57.
39 Caraman-Chimay, *Violets for the Emperor*, p. 163.
40 Kunz, *Rings for the Finger*, p. 158.

2 LOVE, MARRIAGE AND FRIENDSHIP RINGS (PP. 59–119)

1 Ogden and Williams, *Greek Gold*, no. 196.
2 ibid., no. 194.
3 ibid., no. 98.
4 Boardman and Vollenweider, *Catalogue ... Ashmolean Museum*, no. 154.
5 Evans, *English Posies and Posy Rings*, p. xi. The ring is in the British Museum: Marshall, *Catalogue of the Finger Rings ... in the British Museum*, no.

586.

6 Waterton, *Antiquaries Journal*, p. 308. *Apud Isodorum* lib. 1, *Originum* c. 26, and Plautus in *Asinaria.*

7 Marshall, *Catalogue of the Finger Rings ... in the British Museum*, nos 549, 562, 1401.

8 ibid., no. 153.

9 *Natural History*, XXXIII, 12.

10 Marshall, *Catalogue of the Finger Rings ... in the British Museum*, no. 272.

11 ibid., p. xxii, nos 1149 and 1479.

12 Vikan, 'Early Christian and Byzantine Rings in the Zucker Family Collection', p. 13.

13 Dalton, *Catalogue ... British Museum*, no. 1025.

14 Treasure Annual Report 2001, no. 106.

15 Treasure Annual Report 2000, no. 104.

16 Treasure Annual Report 2005, T 99. Purchased by the British Museum.

17 Dalton, *Catalogue ... British Museum*, no. 989.

18 Henig and Scarisbrick, *Finger Rings ... in the Ashmolean Museum*, p. 49, pl. 15, no. 1.

19 ibid., p. 35, pl. 8, 1a and b.

20 Laborde, *Les Ducs de Bourgogne*, II, p. 352, no. 6727, quoted by J. Cherry, 'A Late Medieval Heart Shaped Pendant', *Society of Jewellery Historians Newsletter*, ii, 1981, pp. 12–14.

21 Scarisbrick, *Jewellery in Britain*, p. 59.

22 Treasure Annual Report 2002, no. 99; for the other half, in the British Museum, see Dalton, *Catalogue ... British Museum*, no. 746.

23 *Princely Magnificence*, 75 E, p. 73.

24 British Library, Harleian ms. 39, fol. 380.

25 Evans, *English Posies and Posy Rings*, lists all recorded posies.

26 Bodleian Library, Oxford, Rawlinson ms. D. 810, fol. 3.

27 National Museum, Budapest, inv. 59.148 C.

28 Chadour, *Rings*, I, no. 670.

29 Hackenbroch, *Renaissance Jewellery*, p. 86, nos 214, 216.

30 Henig and Scarisbrick, *Finger Rings ... in the Ashmolean Museum*, p. 51, pl. 16, no. 2a and b.

31 Kielmansegg, *Mémoires*.

32 Treasure Annual Reports 2002, 155 and no.169; 2001, no.130.

33 Treasure Annual Reports 1998–89, nos 193, 182; 2000, no. 164; 2001, nos 131, 138, 130; 2002, nos 155, 158, 159.

34 Treasure Annual Report 2002, no. 156.

35 Scarisbrick, *Ancestral Jewels*, p. 44.

36 Bathurst, *Letters of two Queens*, p. 259.

37 Fortuni, *I riti nuziale*, p. 75.

38 Scarisbrick, *Ancestral Jewels*, pp. 75–76.

39 Archives Nationales, Paris, T. 411A.

40 Scarisbrick, *Ancestral Jewels*, p 61.

41 Archives Nationales, Paris, T. 411A.

42 Essex Record Office, D/D 2F 33/17.

43 'Registres comptables du marchand bijoutier Gravier, successeur de la veuve Demay et Masson à l'enseigne "A La Descente du Pont Neuf"', 1778–1811, Institut National de l'Histoire de l'Art, Paris, ms. 129.

44 Havard, *Voltaire et Madame du Châtelet*, p. 178.

45 Oman, *Catalogue ... Victoria and Albert Museum*, no. 698.

46 Exhibition of the Royal House of Guelph, London 1891, no. 499.

47 Genlis, *Mémoires*, p. 281.

48 P. de Zurich, *Une Femme heureuse: Madame Adélaïde Edmée de La Briche, sa famille, son salon, le château du Marais*, Paris 1934, p. 37.

49 Joannis, *Bijoux des deux empires*, p. 115, no. 35.

50 Vachaudez, *Bijoux des reines et des princesses de Belgique*, p. 180.

51 Bapst, *Canrobert*, II, 1902, p. 197.

52 Balzac, *Lettres à Madame Hanska*, p. 153

53 Balzac, *Splendeurs et Misères des courtisanes*, p. 751.

54 Vachaudez, *Bijoux des reines et des princesses de Belgique*, p. 180.

55 Sale, Sotheby's, London, 6 June 2001, lot 68.

56 Scarisbrick, *Historic Rings*, no. 403, p. 178.

57 R. Hart Davis, ed., *The Letters of Oscar Wilde*, London 1962, p. 29 and note.

58 Lowndes, *Diaries and Letters*, p. 177 (1 June 1939).

59 L. de Vilmorin, *Les Belles Amours*, Paris 1954, p. 42.

60 Chadour, *Rings*, II, p. 323, provides the most up-to-date survey of Jewish marriage rings when discussing rings 1069–1097 in the Koch collection.

61 Taburet de La Haye, *L'Orfèvrerie gothique*, no. 108, who cites another 14th-century Jewish marriage ring now in the Staatliche Gallerie, Moritzburg, at Halle.

62 Dalton, *Catalogue ... British Museum*, no. 1334.

3 DEVOTIONAL, APOTROPAIC, AND ECCLESIASTICAL RINGS (PP. 121–59)

1 Budge, *Amulets and Superstitions*, pp. 133–76.

2 *Republic*, II, 35.

3 Marshall, *Catalogue of the Finger Rings ... in the British Museum*, p. xxii, n. 8.

4 ibid., pp. xxii–xxiii: Aristophanes, *Plutus* (ll. 883f.), and Antiphanes, *Omphale*, quoted by Athenaeus, III 123.

5 Cicero, *De Divinitate*, III, 87.

6 Marshall, *Catalogue of the Finger Rings ... in the British Museum*, p. xxxiii.

7 Collon, *Seven Thousand Years of Seals*, p. 99.

8 Henig et al., *Classical Gems*, pp. 218–38, includes an excellent account of magical amulets from Alexandria by Mary Whiting with the catalogue of those in the Fitzwilliam Museum, Cambridge.

9 Vikan, 'Early Christian and Byzantine Rings in the

Zucker Family Collection', pp. 32–43.

10 Beckwith, *Early Christian and Byzantine Art*, p. 73.

11 Treasure Annual Report 2002, no. 106.

12 Public Record Office, PCC 13 Bennett.

13 The most remarkable reliquary ring surviving is in the Ashmolean Museum, Oxford. Cf. Scarisbrick, *Rings*, p. 3, and Henig and Scarisbrick, *Finger Rings ... in the Ashmolean Museum*, pp. 40–41, pl. 15.

14 Oman, *Catalogue ... Victoria and Albert Museum*, p. 24.

15 Hinton, *Gold and Gilt*, p. 248.

16 Evans, *Magical Jewels*, p. 125.

17 ibid., p. 128.

18 Oman, *Catalogue ... Victoria and Albert Museum*, p. 25, n. 1.

19 Bury Wills, ed. Mr Tymms, Camden Society, p. 35.

20 Oman, *Catalogue ... Victoria and Albert Museum*, p. 27.

21 Archives Nationales, Minutier central, étude CVX, 610.

22 Originally with Perugino's beautiful painting of *The Marriage of the Virgin* above the altar – now in Caen Museum, having been removed by Napoleon's troops in 1798.

23 cf. Kunz, pp. 258–61, and *Finger Rings from Ancient Egypt to the Present Day*, p. 64. no. 500, of silver, with certificate on vellum dated 1764.

24 Gautier, *Mademoiselle de Maupin* (1880 edn), Preface, p. 3.

25 Pliny, *Natural History*, XXXVII, 124.

26 Evans, *Magical Jewels*, p. 123.

27 ibid., p. 113.

28 Fray Gerónimo, *Republicas del Mundo*, Salamanca 1595.

29 L. Raison, *Tuscany: An Anthology*, London 1983, p. 216.

30 Scarisbrick, *Rings*, p. 195.

31 ibid., p. 196.

32 Cumberland, *Memoirs*, 1807, II, p. 72.

33 *Mémoires de la Reine Hortense*, ed. Prince Napoleon, Paris 1927, I, pp. 22–23, 36.For the cornelian intaglio 'talisman' signet obtained in 1807 from Queen Hortense by the wife of General Cassagne and worn by him during the Spanish campaign cf. C. Joannis, *Bijoux des deux empires*, exhibition catalogue, Malmaison, 2004, no. 21.

34 Kunz, *The Curious Lore of Precious Stones*, p. 64.

35 D. Scarisbrick, 'Episcopal Jewellery, the British Tradition', *Sotheby's Preview*, March 1991.

36 Oman, *British Rings*, pp. 50–51 and pl. 63.

4 MEMENTO MORI AND MEMORIAL RINGS (PP. 161–85)

1 Seneca, *Epistulae Morales*, XI, Ep. 3, 82, 16.

2 Marcus Aurelius, *Communings with Himself*, IX, p. 235.

3 Martial, *Epigrams*, I, 15.

4 ibid., II, 5, 9.

5 Weber, *Aspects of Death in Art and Epigram*, pp. 393, 394, 402, figs 78, 79, 74, pp. 337, 338.

6 Ashmolean Museum, Oxford, Fortnum Collection, no. 83.

7 Oman, *Catalogue ... Victoria and Albert Museum*, no. 718.

8 Montpensier, *Mémoires*, p. 32.

9 Scarisbrick, *Jewellery in Britain*, p. 105.

10 ibid., pp. 105–6.

11 Dalton, *Catalogue ... British Museum*, no. 811.

12 Oman, *British Rings*, p. 71.

13 Scarisbrick, *Jewellery in Britain*, p. 106.

14 Taylor, *The Rule and Exercises of Holy Living and Holy Dying*, quoted in Scarisbrick, *Jewellery in Britain*, p. 196.

15 Treasure Annual Report 1998–99, no. 87.

16 Chadour, *Rings*, I, no. 724.

17 Henig and Scarisbrick, *Finger Rings ... in the Ashmolean Museum*, pl. 20, 3a and b, pp. 58–59.

18 ibid., nos 4a and 4b.

19 Treasure Annual Report 1998–99, no. 200.

20 Scarisbrick, *Jewellery in Britain*, p. 197.

21 ibid., pp. 197–98.

22 Crisp, *Memorial Rings*, no. 632. Inscribed 'To eternal Bliss'.

23 Oman, *Catalogue ... Victoria and Albert Museum*, p. 39, n. 3.

24 Leslie, ed., *Letters of Mrs. Fitzherbert*, p. 49.

25 Vachaudez, *Bijoux des reines et des princesses de Belgique*, will of Queen Louise Marie, p. 181.

26 Henig and Scarisbrick, *Finger Rings ... in the Ashmolean Museum*, pl. 29, 2a and 2b, pp. 76–77.

27 Oman, *British Rings*, p. 75.

5 RINGS ASSOCIATED WITH ILLUSTRIOUS PEOPLE AND GREAT EVENTS (PP. 187–225)

1 Scarisbrick, *Ancestral Jewels*, pp. 50–51, for the diamond from the ring given by Henri IV to Lord Willoughby d'Eresby. The diamond from the ring given in 1691 by Queen Mary II to Lord Athlone was sold as remounted in the head of an enamelled gold snake bangle in 1856 (Sotheby's, London, 24 March 1988). However, the original ring setting had been kept, and the diamond, now at Het Loo in Holland, has been put back as it was in 1691.

2 His will is published in Fraser, *The Melvilles*, III, p. 175.

3 Scarisbrick, *Ancestral Jewels*, p. 69, pl. 91.

4 Neville, *Diary*, 21 February 1767, on which day ardent Republicans dined on a calf's head, representing the head of Charles I.

5 Harcourt, *The Harcourt Papers*, IX, p. 83.

6 Royal Palace, Stockholm; see *Precious Gems*,

catalogue of an exhibition held at the National Museum, Stockholm, 2000, p. 79, no. 84.

7 Archives Nationales, Paris, Aubert Papers, T. 411A.
8 Meister, *Gathered Yesterdays*, pp. 148–49.
9 Deloche, *La Bague en France*, p. 50.
10 Broglie, *Madame de Genlis*, p. 185.
11 Deloche, *La Bague en France*, p. 64.
12 ibid., pp. 59–61.
13 Chaumet Archives, Paris, Ledgers of J.-B. Fossin.
14 C. B. Pitman, ed., *Memoirs of Count de Falloux*, London 1858, I, 13.
15 *Finger Rings from Ancient Egypt to the Present Day*, no. 915, p. 90.
16 Fales, *Jewelry in America*, p. 92.
17 Elvire de Brissac, *O Dix–neuvième!*, p. 64.
18 Now in the Museo Civico d'Arte Antica, Palazzo Madama, Turin, inv. 535/1.
19 Byron, letter to Robert Charles Dallas, 23 June 1810: *In My Hot Youth*, pp. 247–48.
20 Freud Museum, London, catalogue, p. 123, quoting letters from Sigmund Freud to Ernest Jones.
21 Bertin, *Marie Bonaparte*, p. 179.
22 E. Grant, *Memoirs of a Highland Lady*, I, p. 139.

6 DECORATIVE RINGS (PP. 227–97)

1 Scarisbrick, *Historic Rings*, no. 44.
2 Snake rings continued to be immensely popular with both men and women, especially throughout the 19th century. Guy de Maupassant, for instance, describes a visit to a jeweller: the final choice is a gold snake ring, fangs gripping a ruby (*Fort comme la mort*, Paris 1945).
3 Martial, *Epigrams*, bk XI, lix; Juvenal, Satire I, 26ff.
4 Pliny, *Natural History*, XXXIII, 40.
5 Juvenal, Satire VI, 379–82.
6 ibid., Satire VII, 140.
7 Henig and MacGregor, *Catalogue ... Ashmolean Museum*, pp. 74–75, section on children's rings, also Marshall, *Catalogue of the Finger Rings ... in the British Museum*, p. xxv, and note with a citation from Statius, *Silvae*, II, l. 134.
8 Ward et al., *The Ring*, no. 84.
9 Henig and Scarisbrick, *Finger Rings ... in the Ashmolean Museum*, pl. 7, pp. 32–33.
10 ibid., pl. 6, p. 33, nos 3 and 4.
11 Forsyth, *The Cheapside Hoard*, p. 39.
12 Mariette, *Traité des Pierres gravées*, I, p. 237.
13 Magnieu and Prat, *Correspondance ... du Chevalier de Boufflers*, p. 413.
14 Bapst, *Canrobert*, II, p. 535.
15 Isaiah Berlin, *Flourishing*, p. 195, describes a meeting in 1936 with the writer Hugh Walpole, who 'wore huge scarabs on both hands'. Another who wore a scarab ring was Oscar Wilde.

16 For the Fossin ledgers see Chaumet Archives, Paris.
17 Guy de Maupassant, *Fort comme la mort*, Paris 1945, p. 235.
18 Meister, *Gathered Yesterdays*, p. 62.

7 DIAMOND RINGS (PP. 299–335)

1 Pliny in *Natural History*, XXXVII, xv, calls diamond 'the most highly prized of human possessions' (55) and recommends it to counteract poison and calm fears (60).
2 Lightbown, *Medieval European Jewellery*, p. 15.
3 ibid., p. 16.
4 Inventory of Marguerite de Bretagne, 1469: La Borderie, 'Inventaire', pp. 45–60.
5 Treasure Annual Report 2002, no. 97. Christie's, 15 June 2006 lot 398.
6 Biblioteca Apostolica Vaticana, ms. Urb. Lat. 899.
7 Typotius, *Symbola*, p. 133, no. VIII.
8 *Mémoires de la Société impériale des Antiquaires de France*, 1868, 3rd ser., X, pp. 21–66.
9 Babelon, *Jacopo da Trezzo*, p. 37. Babelon cites, p. 22, n. 2, the following from P. Morigi, *Della nobilita dei Signori LX del Consiglio di Milano*, Milan 1595, bk II, chap. IX, p. 43: 'Del valoroso e immortale Giacomo Trezzo inventore del intagliere il diamante raro nell' intagliare il cristallo' (the valorous and immortal Giacomo Trezzo, who invented the technique of diamond engraving and was equally competent at engraving rock crystal).
10 Sframeli, *I gioielli dei Medici*, p. 64, nos 6 and 7.
11 Public Record Office, Calendar of State Papers, Domestic, James I, vol. X (London 1858), p. 215, 17 January 1621
12 Scarisbrick, *Rings*, pp. 80 and 104.
13 *Princely Magnificence*, no. 83, p. 77.
14 ibid., no. 51, p. 64.
15 Cellini, *Treatises*, chap. IX, p. 39.
16 Ungerer, 'Juan Pantoja de la Cruz', p. 149.
17 Document in the possession of Benjamin Zucker.
18 Aubert Papers, Archives Nationales, Paris, T. 411A.
19 Mary Elizabeth Braddon, *Lady Audley's Secret*, London 1890, p. 173.

8 ANNEXE: THE RING AS AN ACCESSORY (PP. 337–45)

1 Duc de Castries, *Figaro ou la vie de Beaumarchais*, Paris 1972, p. 79.
2 By Violet Hunt, for example, unhappy because of the end of her love affair with Ford Madox Hueffer.
3 Fossin ledger for Mme Bouard 1839 (Chaumet Archives): 'Bague d'une turquoise corps jonc massif très fort pour le lorgnon'.
4 Flower, *Victorian Jewellery*, p. 120, fig. 40a.

参考书目

Babelon, J. *Jacopo da Trezzo*, Paris 1922

Balzac, H. de *Lettres à Madame Hanska*, I, *1832–1840*, Paris 1967

—— *Splendeurs et Misères des Courtisanes* (written 1838–47; first complete publication Paris 1869–76), Paris 1952

Bapst, G. *Canrobert*, Paris 1902

Barker, N., ed. *The Devonshire Inheritance: five centuries of collecting at Chatsworth*, Alexandria, Va., 2003

Barten, S. *René Lalique: Schmuck und Objets d'art*, Munich 1977

Bathurst, Hon. B. *Letters of Two Queens*, London 1924

Battke, H. *Geschichte des Ringes in Beschreibungen und Bildern, dargestellt durch die Sammlung Battke*, Baden Baden 1953

Beckwith, J. *Early Christian and Byzantine Art*, London 1970

Bedazzled: 5000 Years of Jewelry, exhibition catalogue by S. Albersmeier, Walters Art Gallery, Baltimore, 2005

Berlin, I. *Flourishing: Letters 1928–1946*, ed H. Hardy, London 2005

Bertin, C. *Marie Bonaparte*, Paris 1983

Boardman, J. *Engraved Gems: The Ionides Collection*, London 1968

—— *Greek Gems and Finger Rings*, London 1970

—— and D. Scarisbrick *The Ralph Harari Collection of Finger Rings*, London 1977

—— and M. L. Vollenweider *Catalogue of the Engraved Gems and Finger Rings in the Ashmolean Museum*, I, *Greek and Etruscan*, Oxford 1978

Bongi, S. *Paolo Guinigi e le sue richezze*, Lucca 1879

Broglie, G. de *Madame de Genlis*, Paris 2001

Budge, E. W. *Amulets and Superstitions*, London 1930; repr. New York 1978

Byron, Lord *In My Hot Youth: Byron's Letters and Journals*, ed. L. Marchand, I, London 1973

Caire, A. *La Science des pierres précieuses*, Paris 1826

Calendar of State Papers, Domestic, CXIX, ed. M. A. Everett-Green, London 1858

Camp, Maxime du *Souvenirs littéraires 1822–1844*, Paris 1962

Caraman-Chimay, T. de *Violets for the Emperor*, London 1972

Castries, duc de *Figaro ou la vie de Beaumarchais*, Paris 1972

Cellini B. *The Treatises of Benvenuto Cellini on Goldsmithing and Sculpture*, trans. C. R. Ashbee, London 1898

Cerval, M. de, ed. *Dictionnaire international du bijou*, Paris 1998

Chadour, B. *Rings: The Alice and Louis Koch Collection*, Leeds 1994

Chaucer, G. *Troilus and Criseyde*, ed. J. Warrington, London 1963

Cherry, J. 'A Late Medieval Heart Shaped Pendant', *Society of Jewellery Historians Newsletter*, 1981, pp. 12–14

Chiesa, G. S. *Gemme del Museo Nazionale d'Aquileia*, Aquileia 1966

Christie, R. 'Blackwork Prints: Designs for Enamelling', *Print Quarterly*, V, no. 1, March 1988, pp. 2–20

Collon, D., ed. *Seven Thousand Years of Seals*, London 1997

Crisp, T. *Memorial Rings*, London 1908

Cumberland, R. *Memoirs*, vol. 2, London 1807

Dalton, O.M. *Catalogue of the Finger Rings, Early Christian, Byzantine, Teutonic, Medieval and Later in the British Museum*, London 1912

—— *Catalogue of the Engraved Gems of the Post Classical Periods in the Department of Medieval and Later Antiquities and Ethnography [British Museum]*, London 1915

Deloche, M. *Les Anneaux sigillaires*, Paris 1900

—— *La Bague en France à travers l'histoire*, Paris 1929

Dickens, C. *David Copperfield*, London 1849–50

—— *Great Expectations*, London 1861

Dimitrova-Milcheva, A. *Antique Engraved Gems and Cameos in the National Museum in Sofia*, Sofia 1981

Eudel, P. *L'Hôtel Drouot et la curiosité en 1883–4*, Paris 1885

Evans, J. 'Posy Rings', discourse at the Royal Institution, London 1892

—— *Magical Jewels of the Middle Ages and the Re-*

naissance, Oxford 1922, repr. 1976

—— *English Posies and Posy Rings*, London 1931

—— *A History of Jewellery 1100–1970*, London 1953, 2nd edn 1970

Evelyn, J. *Diary*, ed. E. S. de Beer, London 1959

Fales, M. G. *Jewelry in America 1600–1900*, Woodbridge, Suff., 1995

Les Fastes du Gothique: Le siècle de Charles V, exhibition catalogue, Louvre, Paris 1981

Finger Rings from Ancient Egypt to the Present Day, exhibition catalogue by G. Taylor and D. Scarisbrick, Ashmolean Museum, Oxford 1978

Flower, M. *Victorian Jewellery*, London 1951

Fontenay, E. *Les Bijoux anciens*, Paris 1887

Forsyth, H. *The Cheapside Hoard*, London 2003

—— and A. Bryson 'Gamaliell Pye, Citizen of London, A Newly Discovered City Portrait', *British Art Journal*, VI, no. 1, 2005

Fortuni, F. *I riti nuziali de' Greci per il faustissime nozze dell'illustrissimo signor Marchese Vincenzio Riccardi con l'illustrissima signora Ortenzia del Vernaccia*, Florence 1789

Les Fouquet, Bijoutiers et joailliers à Paris 1860–1960, exhibition catalogue by M.-N. de Gary, Musée des Arts Décoratifs, Paris 1983

Fraser, W. *The Melvilles, Earls of Melville, and Leslies, Earls of Leven*, Edinburgh 1890

Freud, S. *Sigmund Freud and Art: His Personal Collection of Antiquities*, ed. R. Wells and L. Gamwell, London 1989

Fuhring, P., and M. Bimbinet-Privat 'Le Style "cosses de pois". L'Orfèvrerie et la gravure à Paris sous Louis XIII', *Gazette des Beaux Arts*, CXXXIX, January 2002, pp. 1–224

Fuller, T. *The Holy State of Matrimony*, London 1649

Galway, M. C. *The Past Revisited*, London 1953

Garside, A., ed. *Jewelry Ancient to Modern*, exhibition catalogue, Walters Art Museum, Baltimore, Baltimore 1979 and New York 1980

Gary, M.-N. de *Anneaux et Bagues*, Paris 1992

Gautier, T. *Mademoiselle de Maupin*, Paris 1880

Genlis, Comtesse de *Mémoires*, ed. D. Masseau, Paris 2004

Giuliano, A. *I cammei della Collezione Medicea nel Museo Archeologico di Firenze*, Milan 1989

Gonasova, A., with C. Kodaleon *Art of Late Rome and Byzantium in the Virginia Museum of Fine Arts*, Richmond 1994

Goodall, J. 'The Use of the Rebus on Medieval Seals and Monuments', *Antiquaries Journal*, 83, 2003, pp. 448–71

Gorleaus, A. *Dactyliotheca seu annulorum quorum apud priscos tam Graecos quam Romanos usus*, Delft 1601, 1609; Leiden 1695, 1707

Gothic Art For England 1400–1527, exhibition catalogue, ed. R. Marks and P. Williamson, Victoria & Albert Museum, London 2003

Grant of Rothiemurchus, E. *Memoirs of a Highland Lady 1797–1819*, ed. Lady Strachey, London 1898, repr. 1988

Greek Gold Jewellery of the Classical World, exhibition catalogue by J. Ogden and D. Williams, British Museum, London 1994

Griefenhagen, A. *Schmuckarbeiten in Edelmetall*, II, Berlin 1975

Hackenbroch, Y. *Renaissance Jewellery*, London 1979

Harcourt, E. W. *The Harcourt Papers*, XI, London 1880–1905

Havard, A. *Voltaire et Madame du Châtelet*, Paris 1863

Hearn, K. *Dynasties: Painting in Tudor and Jacobean England*, exhibition catalogue, Tate Gallery, London 1995

Henig, M. *A Corpus of Roman Engraved Gemstones from British Sites*, Oxford 1978

—— and A. MacGregor *Catalogue of the Engraved Gems and Finger Rings in the Ashmolean Museum*, II, *Roman*, Oxford 2004

—— and D. Scarisbrick *Finger Rings from Ancient to Modern in the Ashmolean Museum*, Oxford 2003

—— and D. Scarisbrick and M. Whiting *Classical Gems: Ancient and Modern Cameos and Intaglios in the Fitzwilliam Museum, Cambridge*, Cambridge 1994

—— and M. Whiting *Engraved Gems from Gadara in Jordan: the Sa'd collection of Cameos and Intaglios*, Oxford 1987

Herz, B. *Catalogue of the Collection of Pearls and Precious Stones formed by Henry Philip Hope*, London 1839

Higgins, R. *Greek and Roman Jewellery*, London 1980

Hinton, D. *Gold and Gilt, Pots and Pins*, Oxford 2005

Ingamells, J. *A Dictionary of British and Irish Travellers in Italy 1701–1800*, New Haven and London 1997

Joannis, C. *Bijoux des deux empires 1804–1870*, exhibition catalogue, Malmaison 2004–5

Joinville, J. de *Histoire de St Louis*, ed. N. de Wailly, Paris 1874

La Joyeria española, exhibition catalogue, ed. L. Arbeteta, Madrid 1998

Kagan, J. *Western European Cameos in the Hermitage Collection*, Leningrad 1973

Kielmansegg, A. C. von *Mémoires de la Comtesse Kielmansegge*, trans. J. Delage, I, Paris 1928

Kunz, G. *The Curious Lore of Precious Stones*, Philadelphia and London 1913

—— *Rings For the Finger*, New York 1917, repr. 1973

La Borderie, A. de 'Inventaire des meubles et bijoux

de Marguerite de Bretagne', *Bulletin de la Société archéologique de Nantes et du département de la Loire Inférieure*, IV, 1864

Laborde, L. de *Les Ducs de Bourgogne*, Paris 1851

Légaré, Gilles *Livre des ouvrages d'orfèvrerie faits par Gilles L'Egaré, orfèvre du roi*, Paris 1663

Leslie, S. *The Letters of Mrs. Fitzherbert*, London 1940

Lewin, T., ed. *The Lewin Letters*, London 1909

Lightbown, R. *Medieval European Jewellery* [with a catalogue of the collection of the Victoria & Albert Museum], London 1992

Lindahl, F. *Symboler i guld og sølv, Nationalmuseets Fingerringe 1000–1700-årene*, Copenhagen 2003

Lowndes, M. B. *Diaries and Letters of Marie Belloc Lowndes, 1911–1947*, ed. S. Lowndes, London 1971

Maas, J. *Holman Hunt and the Light of the World*, London 1984

MacGregor, A. 'The Afterlife of Childeric's Ring', *British Archaeological Reports, International Series*, 793, 1999, pp. 149–62

Magnieu, E. de, and H. Prat, eds *Correspondance inédite de la Comtesse de Sabran et du Chevalier de Boufflers*, Paris 1875

Marcus Aurelius, *Communings with Himself*, Loeb edn, 1916

Mariette, P. *Traité des pierres gravées*, Paris 1750

Marshall, F. H. *Catalogue of the Finger Rings, Greek, Etruscan, and Roman in the ... British Museum*, London 1907, repr. 1968

Martial, *Epigrams*, ed. D. R. Shackleton Bailey, Loeb edn, 1993

Mauri, A. *La casa del Menandro e il su tesoro de argenteria*, Rome 1932

Meister, L. von *Gathered Yesterdays*, London 1963

Mercier, L. S. *Le Tableau de Paris*, Paris 1788

Montaigne, M. de *Essais*, ed. P. Ville, Paris 1965

Montpensier, Mademoiselle de *Mémoires*, ed. A. Cheruel, Paris 1891, new edn 2005

Neville, S. *Diary of Sylas Neville, 1767–1788*, ed. B. Cozens-Hardy, Oxford 1960

Nicols, T. *A Lapidary or the History of Precious Stones*, Cambridge 1652

Objects for a Wunderkammer, exhibition catalogue by A. Gonzales Palacios, P. & D. Colnaghi, London 1981

Ogden, J. M. 'Roman Imitation Diamonds', *Journal of Gemmology*, 13, 5, 1973

—— *Jewellery of the Ancient World*, London 1982

—— and D. Williams, *Greek Gold*, London 1994

Oman, C. *Catalogue of the Finger Rings in the Victoria and Albert Museum*, London 1930

—— *British Rings*, London 1974

Pierides, A. *Jewellery in the Cyprus Museum*, Nicosia 1971

Plantzos, D. *Hellenistic Engraved Gems*, Oxford 1999

Pouget, J. H. *Traité des pierres précieuses*, Paris 1762

Princely Magnificence, exhibition catalogue by A. Somers Cocks, Victoria & Albert Museum, London 1980

Raison, L. *Tuscany: An Anthology*, London 1983

Raspe, R. E., with J. Tassie *Descriptive Catalogue of A General Collection of Ancient and Modern Engraved Gems, Cameos as well as Intaglios, taken from the Most Celebrated Cabinets in Europe; and Cast in Coloured Pastes, White Enamel, and Sulphur by James Tassie*, London 1791

Ricci, S. de *Catalogue of a Collection of Ancient Rings Formed by the Late E. Guilhou*, Paris 1912

Ridder, A. de *Collection Le Clercq, VII, Les Bijoux et les pierres gravées*, Paris 1911

Robertet, Madame: inventory *Mémoires de la Société Impériale de France*, 3rd ser., X, 1868, pp. 21–66

The Royal House of Guelph, exhibition catalogue, New Gallery, London 1891

Sabran Pontèves, Duchesse de *Bon Sang ne peut mentir*, Paris 1987

Scarisbrick, D. 'The Reappearance of a Medieval Ring', *Society of Jewellery Historians Newsletter*, 11, 1981

—— *2500 Years of Rings*, London 1988

—— *Ancestral Jewels*, London 1989

—— 'Episcopal Jewellery, the British Tradition', *Sotheby's Preview*, March 1991

—— *Rings: Symbols of Power, Wealth and Affection*, London 1993

—— *Jewellery in Britain 1066–1837*, Norwich 1994

—— *Chaumet: 200 years of Fine Jewellery*, Paris 1994

—— 'The Devonshire Gems and Parure', in N. Barker, ed., *The Devonshire Inheritance*, Alexandria, Va. 2003, pp. 64–73

—— *Historic Rings: Four Thousand Years of Craftsmanship*, Tokyo 2004

—— and M. Henig *Finger Rings From Ancient to Modern in the Ashmolean Museum*, Oxford 2003

Sframeli, M. *I gioielli dei Medici dal vero et in ritratto*, Florence 2003

Szendrei, J. *Catalogue descriptif et illustré de la collection de bagues de Madame Gustave de Tarnoczy*, Paris 1889

Taburet de La Haye, E. *L'Orfèvrerie gothique au Musée de Cluny*, Paris 1989

Taylor, J. *The Rule and Exercises of Holy Living and Holy Dying*, 1651

Treasure Annual Report, Department for Culture, Media and Sport, issues 1998–2003

Tudor Craig, P. *Richard III*, exhibition catalogue, National Portrait Gallery, London 1973

Typotius, J. *Symbola divina et humana Pontificum Imperatorum Regum*, Prague 1603

Ungerer, G. 'Juan Pantoja de la Cruz and the circulation of gifts between English and Spanish Courts 1604–5', *Shakespearian Studies*, 26, 1993

Vachaudez, C. *Bijoux des reines et des princesses de Belgique*, Brussels 2004

Vever, H. *La Bijouterie française au XIXe siècle*, Paris 1906–8, repr. Florence 1980

Vikan, G. 'Early Christian and Byzantine Rings in the Zucker Family Collection', *Journal of the Walters Art Gallery*, 45, 1987

Vilmorin, L. de *Les Belles Amours*, Paris 1954

Vollenweider, M. L. *Die Steinschneidekunst und ihre Künstler in spätrepublikanischer und augusteischer Zeit*, Baden Baden 1966

Walters, H. B. *Catalogue of the Engraved Gems, Greek, Etruscan and Roman in the British Museum*, London 1926

Ward, A., et al. *The Ring*, London 1981

Weber, F. P. *Aspects of Death in Art and Epigram*, London 1914

Wilde, O. *Letters of Oscar Wilde*, ed. R. Hart Davis, London 1962

Wilkinson, A. *Ancient Egyptian Jewellery*, London 1971

Woeiriot, P. *Livre d'aneaux d'orfèvrerie*, Lyons 1561; repr., with intro. by D. Scarisbrick, Oxford 1978

Zazoff, P. *Antiken Gemmen in Deutschen Sammlungen*, IV, *Hannover-Kestner Museum*, Wiesbaden 1975
—— *Etruskische Skarabäen*, Mainz 1968

SALE CATALOGUES

Thomas Flannery: Sotheby's, London, 3 December 1983

Edouard Gans: *Die Sammlung Edouard Gans*, catalogue by Paul Cassirer and Hugo Helbing, Berlin, 11 December 1928

Ernest Guilhou: *Catalogue of the Superb Collection of Rings*, Sotheby's, London, 9 November 1937

Melvin Gutman: *Catalogue of Jewellery*, pt V: *the Rings*, Sotheby Parke Bernet, New York, 15 May 1970

The Duchess of Windsor: *The Jewels of the Duchess of Windsor*, Sotheby's, Geneva, 2 April 1987

PRIMARY SOURCES

Aubert Papers. Archives Nationales, Paris, T. 411A

Minutier Central, étude cvx. Archives Nationales, Paris

Fossin ledgers 1836–1860. Chaumet, Paris

'Registres comptables du marchand bijoutier Gravier, successeur de la veuve Demay et Masson à l'enseigne "A la Descente du Pont Neuf"', 1778–1811. Institut National de l'Histoire de l'Art, Paris, ms. 129, 3 vols

Harleian ms. 39, fol. 380. British Library, London

Public Record Office, PCC [Prerogative Court of Canterbury] 13 Bennett

Essex Record Office, d/d 2f 33/17

Rawlinson ms. d 810, fol. 3. Bodleian Library, Oxford

Spink, D. *Catalogue of the Orders, Jewellery, Medals, Intaglios, Cameos, Seals and Rings at Althorp, the Property of Earl Spencer*, ms., 1939. Private collection

图片注解

For full details of works cited in abbreviated form, see the Bibliography, pp. 350–53

1, 2 see 308, 309

3 A selection of rings from the Zucker Family Collection
Photo Michael Freeman

4 Niclaus Manuel, *St Eligius at his Work* (detail), 1515
Oil on spruce wood, 120.5 x 83.3 (471/2 x 323/4)
Kunstmuseum, Bern

1 SIGNETS

5 Akhnaten and Nefertiti at the Window of Royal Appearances in their palace throwing signet rings and collars down to Ay and his wife
Drawing after a relief in a tomb at Amarna, Egypt, Middle Kingdom, 1379–1362 bc

6 Pierre Woeiriot, design for a signet ring
Engraving from Woeiriot, *Livre d'aneaux d'orfèvrerie*, Lyons 1561, pl. 33

7 Gold ring, the stirrup-shaped hoop and bezel cast in a single piece, engraved with hieroglyphs of the name Nefer kheperu re wa en Re for Amenhotep IV, known as Akhnaten
Egyptian, Middle Kingdom, 1379–1362 bc
Lit.: Garside 1979/1980, no. 125
Walters Art Museum, Baltimore, 57.1471

8 Gold ring, the flat hoop supporting the oblong bezel terminating in scrolls at each end, engraved with an enthroned figure and attendant
Egyptian, 6th–1st century bc
Zucker Family Collection

9 Scarab signets
Above, left to right: rock crystal, set in gold, *c.* 1700 bc, 57.1957; glazed steatite, set in bronze, 1760–1650 bc, 57.2463; light brown steatite with thick gold rim, 16th–11th century bc, 42.389
Below, left to right: glazed steatite scarab decorated

with the head of Hathor, 1504–1450 bc?, 54.2208; Ptolemaic?, 4th–1st century bc, 42.64; Egyptian, 52.388; Egyptian, 42.151
Lit.: Garside 1979/1980, nos 119, 120, 123, 127, 142, 145, 151
Walters Art Museum, Baltimore

10 Silver ring, the round hoop supporting the oblong bezel engraved with an unidentifiable device and illegible inscription
Eastern Greek, 6th century bc
Lit.: cf. Griefenhagen 1975, pl. 62, no. 15
Zucker Family Collection

11 Gilt-bronze ring, the square section hoop supporting the pointed oval bezel with device of a charioteer driving a *biga*
Greek, 4th–3rd century bc
Lit.: cf. Boardman 1970, pl. 790
Zucker Family Collection

12 Gold ring, the round hoop supporting the oval bezel with beaded border enclosing the figure of a winged man, perhaps Icarus or his father, Daedalus
Greek, 6th century bc
Zucker Family Collection

13 Silver ring, the hoop of oblong section supporting the leaf-shaped bezel with standing figure of a bearded man, Odysseus, holding a dish in his hand, while Argos, the old hound at his feet, leaps up to greet him
Western Greek, 4th century bc
Lit.: cf. Boardman 1970, p. 228
Zucker Family Collection

14 Gold ring, the hoop terminating in projecting shoulders supporting the oval swivel bezel set with a garnet intaglio portrait of a youth with inscription in Greek letters apolloni (of Apollonios)
Hellenistic, 2nd–1st century bc
Provenance: Morrison Collection (sale, Christie's, 1898, lot 261, 'said to be from Kertch'); Ernest Guilhou (Ricci 1912, no. 202, p. 32, pl. I); Jacob Hirsch
Lit.: Garside 1979/1980, no. 280; Richter 1968, p. 168, no. 677

Walters Art Museum, Baltimore, 57.1698

15 Gold ring, the round hoop terminating in beaded shoulders supporting a swivel bezel containing a cornelian scarab, the underside engraved *a globolo* with an intaglio of a satyr half kneeling, right arm on right hip, within a cable border which he partially overlaps
Etruscan, 3rd century bc
Zucker Family Collection

16 Gold ring, the hollow hoop supporting the oblong bezel engraved with a griffin facing a lion separated and enclosed within a hatched border
Etruscan, late 7th–6th century bc
Walters Art Museum, Baltimore, 57.427

17, 18 Gold ring, the convex hoop expanding to shoulders supporting the long oval bezel set with a banded agate intaglio of Diomedes stealing the Palladium from the sanctuary of Athena in Troy. Signed in Greek letters by the gem engraver, gnaios
Roman, 1st century bc–1st century ad
Lit.: cf. Vollenweider 1966, pl. 41, nos 1 and 2
Trustees of the Chatsworth Settlement

19 Gold ring, the keeled hoop terminating in triangular shoulders with openwork borders supporting the raised octagonal bezel set with a truncated cone agate 'eye' intaglio of a wreathed head of a man, head facing in profile towards the right
Roman, 3rd century ad
Private collection
20 Silver ring, the hoop expanding to support the oval bezel set with an agate intaglio of Victory holding out a crown advancing towards the left, the letter q in the field
Roman, 2nd–3rd century ad
Zucker Family Collection

21 Gold ring, the plain convex hoop expanding to shoulders supporting the oval bezel set with an agate intaglio of a countryman wearing an animal-skin coat standing before a tree
Roman, 1st century ad
Lit.: cf. Chiesa 1966, nos 760–77; Henig 1978, nos 497–500; and Henig and Whiting 1987, no. 291. For the ring type, cf. Mauri 1932, pl. LXV
Zucker Family Collection

22 Gold ring, the massive hoop terminating in full-length figures of leopards at the shoulders supporting the oval bezel with indented border set with a nicolo intaglio of Victory standing on a small globe flying towards the left holding out a wreath and shouldering a palm
Roman, ring 3rd–4th century ad, intaglio 1st–2nd century ad
Lit.: Garside 1979/1980, no. 425
Walters Art Museum, Baltimore, 57.542

23 Gold ring, the convex hoop expanding to support the flat oval bezel engraved with two crustacea, one facing to the left and the other to the right, with the letters s and i in the field
Roman, late 2nd–early 3rd century ad
Trustees of the Chatsworth Settlement

24 Gold ring, the openwork hoop terminating in ivy-leaf shoulders supporting the oval bezel inscribed in Greek letters ioudas
Roman, late 3rd century ad
Private collection

25 Gold ring, the beaded triple wire hoop terminating in a pellet at each shoulder supporting a rectangular box bezel engraved with a dolphin
Roman, 2nd–4th century ad
Trustees of the Chatsworth Settlement

26 Gold ring, the hoop terminating in projecting shoulders inscribed in Greek letters, and supporting a bezel engraved with an eagle
Roman, 3rd–4th century ad
For similar disposition of the Greek letters cf. Henig and Scarisbrick 2003, p. 24, pl. 5, no. 3, translating 'long life to Olympis [?]' (found in Suffolk)
Zucker Family Collection

27 Gold ring, the round hoop supporting the applied bezel inscribed with cruciform monogram for 'Theodore' in Greek letters
Byzantine, 6th–7th century
Lit.: Vikan 1987, fig. 12, p. 39, n. 34
Zucker Family Collection

28 Gold ring, the round hoop supporting the applied round bezel engraved with cruciform monogram for 'John' in Greek letters
Byzantine, 6th–7th century
Lit.: Vikan 1987, fig. 13, p. 39, n. 34
Zucker Family Collection

29 Gold ring, the round hoop supporting the applied cruciform bezel awaiting a monogram
Byzantine, 6th–7th century
Lit.: Vikan 1987, fig. 16, p. 40, n. 41, suggests that the small size indicates the ring was intended for a woman. Cf. *Frühchristliche Kunst aus Rom*, exhibition catalogue, Essen 1962, no. 395, p. 192; J. C. Waldbaum, *Metalwork from Sardis: The Finds Through 1974*, Cambridge, Mass., 1983, no. 341, p. 130, pl. 49; Dalton 1912, no. 137
Zucker Family Collection

30 Gold ring, the round hoop supporting the round bezel awaiting a monogram
Byzantine, 6th century
Lit.: Vikan 1987, fig. 15, p. 40, n. 41
Zucker Family Collection

31 Gold ring, the hoop engraved with ornament terminating in shoulders with lions to each side within pointed oval borders, supporting the octagonal bezel set with a nicolo intaglio of Pan holding the syrinx (Pan pipes), advancing towards the left. The sides of the bezel are inscribed in Greek, translating 'The Lord is my light and my salvation, whom then shall I fear' (Psalm 26)
Ring Byzantine, 12th century, intaglio Roman, 1st–2nd century
Lit.: Garside 1979/1980, no. 430
Walters Art Museum, Baltimore, 57.1580

32 Gold ring, the hoop with oval relief ornament and animal-head shoulders supporting a large oblong bezel with monogram incorporating the letters lbov and secondary bezel at the base inscribed pax (Peace) in Roman capitals
Merovingian, 6th–7th century
Provenance: Ernest Guilhou (sale, Sotheby's, London, 1937, no. 489, pl. XVII)
Zucker family Collection

33 Silver-gilt ring, the plain hoop supporting the flat oval bezel with monogram incorporating the letters staed
Merovingian, 5th–6th century
Trustees of the Chatsworth Settlement

34 Silver-gilt ring, the round hoop terminating at globules on the shoulders supporting the round bezel engraved with the head of a man with long hair facing in profile towards the left surrounded by the inscription usricus vivat [sic] deo (Osric, May you live in God) within a beaded border. There are three rows of wire strengthening the base and shoulders of the hoop
Merovingian, 6th century
Trustees of the Chatsworth Settlement

35 Gold ring, the wide flat hoop with median ridge nielloed with chevrons, stylized pomegranate and foliate ornament terminating at the shoulders with dragons, heads turned backwards, supporting the flat round bezel engraved with a shield with rounded base: Per fess six cinquefoils, surrounded by an inscription in Lombardic letters, s[igillum] petri mozarico
Perhaps Portuguese, late 14th–early 15th century
Provenance: Ernest Guilhou (sale, Sotheby's, London, 1937, no. 565a); Ralph Harari (Boardman and Scarisbrick 1977, no. 123)
Private collection

36 Gold ring, the hoop supporting the oval bezel with border inscribed in Lombardic letters mantio mentitur ianva noster equs enclosing a cornelian intaglio of one of the Dioscuri, probably Castor, standing beside his horse
Ring 13th century, intaglio Roman, 1st century ad
Private collection

37, 38 Gold ring, the beaded hoop expanding at the grooved shoulders ornamented with flowers warmed by sun rays, formerly enamelled, supporting the round bezel engraved with a boar with traces of white enamel advancing towards the left, surmounted by the black-letter inscription s ffrench, the back of the bezel inscribed in French honneur et joye
Late 15th century
Trustees of the Chatsworth Settlement

39 Gold ring with triangular hoop divided into sections by four lozenges each enclosing a quatrefoil, the two outer faces inscribed in Lombardic letters+ ave maria sine (rose) labe origin concep ora pro nobis (Hail Mary, conceived without sin, pray for us), expanding to shoulders outlined in black channelled lines supporting the octagonal bezel with simulated claws set with a foiled crystal intaglio shield of arms with initials gh
Early 15th century
Provenance: Thomas Flannery (sale, Sotheby's, London, 1983, no. 306)
Zucker Family Collection

40 Drawing of the brass of Thomas Waterdeyn, formerly in the church of St Nicholas at King's Lynn, Norfolk, showing his merchant's mark
From *Archaeologia*, vol. 39, 1863, pl. xxii

41 Gold ring, the oval bezel with beaded edges set with a cornelian intaglio of a bearded Roman facing in profile towards the right, draped neckline
16th century
Trustees of the Chatsworth Settlement

42 Gold ring, the plain hoop expanding at chased shoulders supporting the oval bezel engraved with the shield of arms of William Skipwith: three bars and in a chief a greyhound running
Late 16th century
Private collection

43 Gold ring, the plain hoop expanding at the shoulders to support the oval bezel set with a foiled crystal intaglio of the arms of Boyle, back of the bezel inscribed boyle
16th century
Trustees of the Chatsworth Settlement

44 Gold ring, the plain hoop expanding at the shoulders to support the oval bezel set with a foiled crystal intaglio shield of arms, with the initials wh. The shield is half black and half white, with a lamb facing right (not reversed), surmounted by a plumed helm with a man holding a shepherd's crook
16th century
Zucker Family Collection

45 Gold ring, the convex hoop terminating in winged shoulders with raised bosses within cartouches supporting the raised bezel, engraved with a merchant's mark and the initials wg surrounded by beading and strapwork. The back of the bezel is decorated with hatching
Perhaps German, 16th century
Provenance: Melvin Gutman; Thomas Flannery (sale, Sotheby's, London, 1983, lot 317)
Zucker Family Collection

46 Gold ring, the flat hoop expanding at the shoulders to support the flat oval bezel engraved with a merchant's mark
16th century
Trustees of the Chatsworth Settlement

47 Presumed portrait of Gamaliell Pye (d. 1596)
Oil on panel, 90.5 x 74.7 (355/8 x 293/8)
Museum of London, 2002.74

48 Gold ring, the plain hoop shaped to the thumb, expanding at shoulders supporting the lozenge-shaped bezel engraved with the letters tm joined by a tasselled knot enclosed within a cable border
Provenance: Ralph Harari (Boardman and Scarisbrick 1977, no. 137)
Private collection

49 Gold ring, the hoop with blackwork enamel supporting the oval bezel engraved with a cipher, formed from large ligatured initials rm with smaller initials g above, b below, i on the right, and od ligatured on the left
Late 16th century
Private collection

50 Gold ring, the square hoop enamelled with black scrollwork terminating at one shoulder with a representation of Venus, her scarf billowing like a sail, standing on a helm, and on the other a heraldic shield, supporting the octagonal bezel set with a foiled crystal intaglio shield of arms with initials he, sides also enamelled in blackwork
Late 16th–early 17th century
Provenance: Melvin Gutman (sale, Sotheby Parke Bernet, 1970, pt V, lot 126); Thomas Flannery (sale, Sotheby's, London, 1983, lot 308)

Zucker Family Collection

51 Gold ring, the plain hoop expanding at the shoulders to support the octagonal bezel set with a cornelian intaglio of the arms of a burgess and the initials ic p
17th century
Private collection

52, 53 Gold ring, the convex hoop terminating in shoulders enamelled pale blue and white with black detail supporting the oval bezel with arcaded sides filled with white enamel dotted black, set with a red jasper intaglio head of the young Hercules wearing the lionskin
Ring 17th century, gem 16th century
Trustees of the Chatsworth Settlement

54 Pompeo Batoni, *Portrait of John Smyth of Heath Hall, Yorkshire*, 1773
Oil on canvas, 98.5 x 73 (383/4 x 283/4)
Courtesy York Museums Trust (York Art Gallery)

55, 56 Gold ring, the openwork hoop enamelled blue supporting the long oval bezel set with an aquamarine intaglio of the Empress Sabina facing to the left in profile. The sides of the bezel are outlined in beading and the back bears a ducal cipher surmounted by a crown enamelled blue
Ring early 18th century, intaglio 16th century
Lit.: cf. Scarisbrick 2003, pp. 64–73
Trustees of the Chatsworth Settlement

57, 58 Gold ring with beaded hoop outlined in blue and green enamel terminating at divided shoulders each enclosing a shell, supporting the oval bezel with moulded border enclosing a sard intaglio head of a youth of the imperial house of Augustus facing in profile towards the left. The back of the bezel, which is open, is edged with twisted blue ribbons
Ring early 18th century, intaglio 16th century
Trustees of the Chatsworth Settlement

59, 60 Gold ring, the openwork hoop enamelled green terminating at divided shoulders each enclosing a leaf, supporting the oval bezel set with an 'eye' agate intaglio of Apollo, laurel branch in hand, leaning on a column. The back of the bezel is beaded and enamelled
Ring early 18th century, intaglio 16th century
Trustees of the Chatsworth Settlement

61 Gold ring, the plain hoop expanding at the shoulders to support the oval bezel set with a sard intaglio head of Medusa facing in profile towards the right
By Giovanni Pichler, ring and gem 1770
Provenance: Earl Spencer (cf. Spink, *Catalogue*, no.

115)
Mrs Nicolas Norton

62 Gold ring, the plain hoop expanding at the shoulders to support the long oval bezel set with a white cornelian intaglio of a stork walking towards the left
18th century
Provenance: Earl Spencer (cf. Spink, *Catalogue*, no. 194)
Private collection

63 Gold ring, the round hoop engraved with scrolls expanding at the shoulders to support the deep square bezel set with a chrysoprase intaglio of a ducal monogram on a hatched ground within the collar of the Order of the Garter surmounted by a crown.The sides of the bezel are beaded
First half of the 19th century
Trustees of the Chatsworth Settlement

64 Gold ring, the plain hoop expanding at the shoulders to support the oval bezel set with a foiled crystal intaglio of the achievement of Mary, Queen of Scots. The shield is that of Scotland surrounded by the collar of the Order of the Thistle, supported by two unicorns chained and ducally gorged. The crest on a helmet with mantlings and ensigned with a crown is a lion sejant affronté crowned and holding in the dexter paw a naked sword: in the sinister a sceptre, both bendwise. Above the crest appears the motto in defens and lower down the initials mr. On the dexter side is a banner with the arms of Scotland; on the sinister side another with three bars and over all a saltire
Ring 19th century, intaglio perhaps 16th century
Another signet with the achievement of Queen Mary but set in a 16th-century ring, with a crowned monogram of her cipher in Greek letters and that of her husband Francis II of France at the back, is in the British Museum: cf. Dalton 1912, no 316
Estate of Martin Norton

65 Gold and silver ring, the multiple ridged hoop enclosed in bands inscribed omnibus dux honor (To everyone an honourable leader) terminating in three silver roses on one shoulder and on the other a crouching lion supporting the square bezel engraved with a shield of arms: azure lion tail forked and three crescents enclosing roundels, coronet of seven stalked pearls; crest: two helms out of each coronet a demi-lion both supporting a crescent enclosing a roundel; supporters: two men in full plate armour with helms and each holding spear in the exterior hand
Mid-19th century
Private collection

66–68 Gold and silver ring, the multiple ridged hoop enclosed in bands inscribed omnibus dux honor (To everyone an honourable leader) terminating in shoulders one with a crouching lion in high relief, the other with three roses supporting the square bezel set with an amethyst engraved with a shield of arms, and rank coronet as above
Companion piece to no. 65
Mid-19th century
Private collection

69 Gold ring, the round hoop terminating in lion's head shoulders, gripping the square bezel set with an amethyst intaglio of the owl and olive branch, attributes of Athena, sides with filigree and beading
Second half of the 19th century
Private collection

70 Gold ring, the wide openwork hoop terminating in shoulders supporting the oval bezel with beaded border enclosing a cornelian intaglio of Socrates
Second half of the 19th century
Private collection

71 Jewelry casket presented to Princess Maria Pia of Savoy on her marriage in 1862
Velvet, silver, silver thread
By Fortunato Pio Castellani, Rome, *c.* 1862
Paços Reais, Palácio Nacional da Ajuda, Lisbon

72 Typology of signet rings, from a catalogue of T. Moring of London, *c.* 1880
Private collection

73 Gold and platinum ring, the hoop in the form of two panthers, spotted and with emerald eyes, paws gripping the raised oval bezel set with a cabochon sapphire engraved with the arms of Peter Black, a present to his wife Monica on their marriage
Signed Cartier London 1956, at the back of the bezel
Estate of Mrs Monica Black

2 LOVE, MARRIAGE, AND FRIENDSHIP RINGS

74 An illustration of two Roman marble sculptures showing couples
Engraving from B. de Montfaucon, *L'Antiquité expliquée*, III, pt 2, Paris 1722, facing p.222

75 Design for a *fede* ring by Pierre Woeiriot
Engraving from Woeiriot, *Livre d'aneaux d'orfèvrerie*, Lyons 1561, pl. 39

76 Gold ring, the hexagonal openwork *opus interasile* hoop with Latin inscription dulcis vivas ('Live sweetly' or 'Live happily') supporting the oblong bezel with curved top projecting upwards set with two nicolo

cameos, one inscribed in Greek translating 'May you have good luck', the other depicting a ship
Roman, 3rd–4th century ad
Provenance: Alessandro Castellani; Ernest Guilhou; Joseph Brummer. Said to have been found in France
Lit.: Garside 1979/1980, no. 355
Walters Art Museum, Baltimore, 57.1824

77 Gold ring with faceted hoop supporting the oval bezel with Latin inscription written in Greek letters translating 'Beauty's ring'; a round openwork *opus interasile* disc with a foliate cruciform motif within a beaded border projects outwards
Roman, 3rd–4th century ad
Zucker Family Collection

78, 79 Gold ring, the plain hoop supporting the bezel with head of Cupid in high relief, facing slightly to the right
Roman, 1st–2nd century ad
Trustees of the Chatsworth Settlement

80 Gold ring, the wide faceted hoop supporting the octagonal bezel with a pair of clasped hands in relief
Roman, 3rd century ad
Zucker Family Collection

81 Gold ring, the hoop widening to support the oval bezel with ribbed border enclosing a cornelian intaglio of the heads of a man and a woman, face to face
Roman, late 1st–2nd century ad
Lit.: cf. Zazoff 1975, p. 295, no. 1606, pl. 214. Marshall 1907/1968, p. xxii, suggests that this type is a marriage ring
Zucker Family Collection

82 Gold ring, the polygonal hoop supporting a round bezel with busts of a man and a woman facing front, with a cross between them
Byzantine, 6th–7th century
Lit.: Vikan 1987, fig. 9, p. 34, 'a version of the earliest and simplest type of marriage ring'
Zucker Family Collection

83 Gold ring, the oblong octagonal hoop inscribed in Greek translating 'Lord protect George and Plakela' supporting the round bezel with Christ standing between the man and the woman hands raised as if crowning them, Greek inscription translating 'Harmony'
Byzantine, 6th–7th century
Lit.: Vikan 1987, fig. 11, p. 34, noting the sketchy quality of the engraving
Zucker Family Collection

84 Gold ring, the round hoop supporting the round bezel engraved with Christ officiating at the marriage of a man and a woman standing on either side of him
Byzantine, 6th–7th century
Lit.: Vikan 1987
Zucker Family Collection

85 Gold ring, the triangular hoop terminating in shoulders with a pair of fish-like heads, eyes filled with niello, each with a disc, between from which rise six wires terminating in pellets supporting the round bezel engraved with Christ standing between the man and woman bringing them together as they clasp hands. Greek inscription translating 'Vow'
Byzantine, 6th–7th century
Lit.: Vikan 1987, fig. 10, p. 34
Zucker Family Collection

86 Gilt bronze ring, the convex hoop supporting the bezel formed from a pair of clasped hands
Early 13th century
Zucker Family Collection

87 Gold stirrup ring, the hoop ornamented with leaves and berries rising to the bezel set with an emerald and a pair of clasped hands at the base of the hoop
14th century
Lit.: cf. Lindahl 2003, no. 104; Cherry 1981, pl. 125
Private collection

88 Gold hoop ring inscribed in French on the outside between foliate sprays sauns de pairtair, 'undivided', meaning 'all my love is yours'
15th century
Lit.: for similar inscriptions or posies cf. Evans 1931, p. 13; Furnivall, *The Fifty Earliest English Wills*, London, EETS 1887, p. 96, Will of Margarete Ashcombe, widow, London 1434, 'to the wyf of William Oweyn, a ring of gold with a stone and a reson [i.e. posy], sans departir'
Zucker Family Collection

89 Gold hoop ring inscribed in black-letter tout-des-en/u ier. The meaning of the last word is obscure
15th century
Private collection

90 Gold hoop inscribed in black-letter and nielloed alaventure
15th century
Lit.: cf. Evans 1931, p. 6
Private collection

91 Gold hoop ring, the hoop decorated at three points with the motif of an open book. Six spherical pellets decorate the top and bottom of the hoop at the points where the leaves of the books are placed. Between the books beaded panels of text are inserted which combine to read read cest mon decir (*c'est mon desir/*

it is my desire). Each open book is inscribed with two letters: po/yr/ec (*pour ec*/for ec). The initials ec are undoubtedly those of a lover
15th century
Provenance: found near Kirkham, Lancashire
Trustees of the British Museum, London

92, 93 Gold ring, the convex hoop terminating in shoulders each with a shield divided horizontally, supporting the raised open bezel set with a cabochon sapphire with Arabic inscription abd as salam ibn ahmad flanked by dragons. The inside of the hoop inscribed in Lombardic letters p[er] amor tu e fato e p[er] amor tu io te, the outside porto, the whole translating 'For love thou wast made and for love I wear thee'
Ring Italian, late 14th century, inscription on sapphire Egyptian, 10th century
Provenance: Ralph Harari (Boardman and Scarisbrick 1977, no. 166)
Lit.: Bongi 1879 lists the purchase from the merchant Pietro Cenami on 27 December 1425 of a ring set with a ruby also with an inscription in Arabic ('una legenda arabesca che in nostra lingua non s'intende')
Zucker Family Collection

94 A bishop marries a couple
Miniature from the *Decretals of* Gregory IX, with the gloss of Bernard of Parma, written by Leonard0 de Gropis of Modena, 1240
Oxford, Bodleian Library, ms. Lat. th. b. 4, f. 151v

95 Gold hoop ring with tears enamelled, letters e and d linked by a lover's knot
c. 1550
Private collection

96 Lucas van Leyden, *The Betrothal* (detail), 16th century
Oil on panel, 30 x 32 cm (113/4 x 125/8)
Koninklijk Museum voor Schone Kunsten, Antwerp / Photo Lukas Art in Flanders

97, 98 Gold ring, the double hoop with inscription on outer faces in black Roman capitals quod deus coniunxit homo non separabit (Matthew 19:6, 'What therefore God has joined together let not man put asunder'), terminating in winged shoulders with red, blue and green volutes and straps from which issue hands clasping hearts supporting the raised box double bezel set with a ruby and a diamond, both table-cut. The inner faces of the hoops are inscribed jacob sigmund von der sachsen. martha wurmin. Hidden below the bezel there are cavities, one enclosing a baby, the other a skeleton, with the date 1631 above the skeleton
German, 1631

Provenance: *Objects for a Wunderkammer*, P. & D. Colnaghi, London, 1981, no. 32
Zucker Family Collection

99 Gold ring, the chequerboard-patterned hoop formerly enamelled white, the inside inscribed in Roman capitals i • geve • zou • vis • in • hoip • of • luif
16th century
Provenance: said to have been found in Scotland
Lit.: cf. Evans 1931, p. 16
Private collection

100 Gold ring, the hoop inscribed in black letter harbor the harmles hert supporting the bezel with hands holding a heart
16th century
Private collection

101 Drawings of a ring set with a ruby enamelled with symbols of heart and clasped hands, given by Mary, Queen of Scots, to the ancestor of the Earls of Mansfield
Watercolour, 1810
Society of Antiquaries, London. Photo Masao Kageyama

102 Pierre Woeiriot, designs for rings
Engraving from Woeiriot, *Livre d'aneaux d'orfèvrerie*, Lyons 1561, pl. 39

103 Gold and niello ring, the hoop divided into six roundels each enclosing a cupid at play, supporting the oval bezel with two lovers holding hands
c. 1500
Trustees of the Chatsworth Settlement

104 Gold ring, the hoop terminating in shoulders with strapwork in relief each set with a table-cut ruby within a quatrefoil collet supporting the oval bezel with grass enamelled green, on which stands a dog modelled in the round
16th century
For the dog, symbol of fidelity, see Argos in Ill. 31, above, and cf. Henig and Scarisbrick 2003, pl. 14, no. 2, pp. 46–47
Lit.: Garside 1979/1980, no. 572
Walters Art Museum, Baltimore, 47.479

105 The marriage of Louis XIV to Maria Teresa, performed by the Bishop of Bayonne at St Jean de Luz on 9 June 1660 (detail)
Engraving by Jean Ganière
Cabinet des Estampes, Bibliothèque Nationale de France, Paris

106 Gold ring, the hoop terminating in hands

supporting a crowned heart set with a rose-cut diamond
c. 1630
Private collection

107 Gold and silver ring, the gold hoop supporting the heart-shaped bezel set with a rose-cut diamond flanked by a rose-cut diamond on each side and crowned by three flames each set with a rose-cut diamond, all in silver collets
Late 17th century
Zucker Family Collection

108 Unknown artist: design for a ring with clasped hands, doves, and heart
Engraving, 17th century
Victoria & Albert Museum, London

109 Gold hoop ring, the convex hoop inscribed in italics within god above joynd us in love
English, 17th century
Lit.: cf. Evans 1931, p. 38
Zucker Family Collection

110 Gold ring, the hoop inscribed in italics within love is the bond of peace
English, 17th century
Lit.: cf. Evans 1931, pp. 71, 72
Private collection

111 Gold ring, the hoop inscribed in italics within in thee i made my choice alone/to love live and dye as one
17th century
Private collection

112 Gold and silver ring, the bezel with an enamelled rabbit crouching amidst jewelled foliage, the hoop inscribed in French toujours craintif (Are you still shy?)
c. 1740
Private collection

113 Jean-Frédéric Schall, *The Suitor Accepted*, 1788 (detail)
Canvas laid down on panel, 31.5 x 40.5 (12 1/2 x 16)
Thyssen Bornemisza Collection

114 Pair of silver and gold keeper diamond rings, each hoop set continuously with a line of diamonds
18th century
Private collection

115 Gold and silver ring, the hoop expanding at the shoulders supporting the oval bezel enamelled royal blue with applied initials gm in rose-cut diamonds
Late 18th century

Zucker Family Collection

116 Gold and silver ring, the narrow hoop supporting the ruby and diamond double heart bezel tied with a lover's knot, and framed within rubies and diamonds
c. 1750
Private collection

117 Gold ring, the hoop terminating in leafy shoulders supporting the bezel with twin hearts one set with a ruby, the other a diamond, a pearl between. The back of the bezel is enamelled with the figure 3
German, 18th century
The Earl and Countess of Rosebery

118 Gold and silver ring, the twin hearts set with pink diamonds, pierced by Cupid's arrows
c. 1750
Private collection

119 Gold and silver ring, the hoop dividing at the shoulders to support the bezel with twin hearts, one set with a rose-cut diamond, the other with an emerald, bound together by a diamond and emerald border, and crowned with alternate diamonds and emeralds
18th century
Jonathan Norton

120 Gold and silver ring, the narrow hoop terminating in leafy ruby and diamond shoulders supporting the oval bezel enclosing the diamond cipher ca surmounted by a ruby and diamond crown
c. 1740
Private collection

121 J. H. Pouget, designs for love rings with symbols including turtledoves beak to beak on a nest, and a bagpipe
From Pouget, *Traité des pierres précieuses*, 1762
Hand-coloured engraving
Private collection

122, 123 Silver ring with hair enclosed within the hoop and forked shoulders set with paste, supporting the oval bezel set with a cornelian intaglio inscribed in Arabic script translating 'Helena hath captured my heart with the blandishments of her eye', and more hair at the back of the bezel
c. 1740
Trustees of the Chatsworth Settlement

124 Gold ring, the hoop expanding to support the octagonal swivel bezel enclosing a lock of hair framing a miniature painted on ivory of a lady, having freed the captive bird from its cage. The back of the bezel is inscribed in French pour vous (For you) on a blue ground

c. 1780
Museum of Fine Arts, Boston, Bequest of Mrs Arthur Croft, The Gardner Brewer Collection

125 Gold ring, the hoop expanding to support the octagonal glass-covered bezel enclosing a tableau painted in grisaille representing Father Time seated beneath a tree, and holding the end of a long rope tied with a knot in the centre extended to him by Cupid in the clouds above
Late 18th century
Museum of Fine Arts, Boston, Bequest of Mrs Arthur Croft, The Gardner Brewer Collection

126 Gold ring, the plain hoop supporting the long octagonal bezel set with two garnet cameo clasped hands with a turquoise cameo head of Sappho facing left in the middle
Late 18th century
Trustees of the Chatsworth Settlement

127 Gold ring, the octagonal bezel divided in two sections, the upper with rebus ('Je vais vers elle'), the lower with a woman, accompanied by her faithful dog, placing a lover's crown over two turtledoves on the altar of Love
French, *c.* 1770
Private collection

128 Gold ring, the plain hoop expanding to support the octagonal bezel enclosing an ivory tableau of a temple of Love visited by a woman who has arrived with her dog on the boat moored on the shore below
French, *c.* 1770
Private collection

129 Gold, silver, rose diamond and mother-of-pearl ring, the wide hoop divided into panels inscribed l/a/c/d, representing phonetically the French 'Elle a cédé' (She has yielded), with rose diamond French inscription amour veille sur elle (May love watch over her)
French, *c.* 1800
Private collection

130 Alard, miniature of two sisters clasping hands at the altar of love making a vow of friendship, set in the lid of a snuffbox
French, late 18th century
Courtesy Bonhams

131 Gold ring, the hoop expanding to support the octagonal bezel enclosing a tableau of a lady standing beside a clock on a plinth which is inscribed in German translating 'I count the hours until we meet again'
German, *c.* 1780

Museum of Fine Arts, Boston, Bequest of Mrs Arthur Croft, The Gardner Brewer Collection

132 Gold ring, the hoop terminating in hands offering a pearl and ruby forget-me-not flower
English, 19th century
Private collection

133, 134 Gold, silver and pavé-set diamond gimmel wedding ring, the bezel with twin flaming hearts, the hoops inscribed in Spanish with the date 17 August 1814 and 'Love makes them one'
Private collection

135 Gold ring set with coloured stones whose initial letters spell out the word dearest: d(iamond), e(merald), a(methyst), r(uby), e(merald), s(apphire), t(urquoise)
English, early 19th century
Mrs Nicolas Norton

136 Gold ring, the half hoop set with coloured stones whose initials spell out the word regard: r(uby), e(merald), g(arnet), a(methyst), r(uby), d(iamond)
English, 19th century
Mrs Nicolas Norton

137, 138 Gold and silver ring with six hoops each carrying a diamond letter forming the French word amitie (Friendship) when closed
c. 1800
Private collection

139 Gold and silver ring, the broad hoop forming the rose diamond inscription souvenir supporting the bezel set with an emerald
c. 1810
Private collection

140 Gold ring, the plain hoop inscribed within in French il ne s'ecarte jamais (He never strays)
Early 19th century
Trustees of the Chatsworth Settlement

141 Gold ring, the wide hoop chased with roses in relief and inscribed in Italian dolce sostegno di mia vita (Sweet support of my life)
Early 19th century
Trustees of the Chatsworth Settlement

142 Gold ring, the hoop chased with foliage supporting the oval bezel set with a turquoise, the hoop inscribed within in Italian nei giorni tuoi felice ricordati di me (Remember me when you are happy) – the words of the final duet between Aristea and Megache at the end of the first act of Pietro Metastasio's *L'Olympiade*

c. 1820
Trustees of the Chatsworth Settlement

143 Gold ring, the wire hoop wound round one of the shoulders supporting the bezel in the form of a hand offering a ruby heart
By Castellani, Rome, *c.* 1870
For another with the hand offering a ball, or apple, but not by Castellani, cf. Chadour 1994, II, no. 1381, stating that the motif derives from ancient Roman hairpins. It was revived, but holding a heart, in the Middle Ages
Zucker Family Collection

144 Gold ring, the wide bezel with monster set with an opal and enamelled green, red and white, base of hoop inscribed jcc 18.4.82, and within, i am his best friend
Associated with Oscar Wilde
By Child and Child, London
Child and Child were active 1880–1916. They were specialists in enamelling, and patronized by the painter Edward Burne-Jones
Dr Joseph and Mrs Ruth Sataloff

145, 146 Gold ring, the sculptural hoop and bezel representing a mermaid embracing a satyr illustrating the poem by P. B. Shelley, 'Love's Philosophy' (1818)
American, by Louis Rosenthal (1887–1964), *c.* 1920
Provenance: Amelia Muller (in memory of her parents, Mr and Mrs James Clay Muller)
Lit.: Garside 1979/1980, no. 715
Walters Art Museum, Baltimore, 57.1838

147, 148 Platinum ring, the high bezel set with an engraved emerald above onyx and diamond base, tallow-cut rubies at the sides, and tallow-cut sapphires at the shoulders
Made by Le Picq, Paris, for the engagement of Rafael Esmerian to Virginia Siegman, 1925
Private collection

149 A young woman admiring her engagement ring, from the *Gazette du Bon Ton*, 1925

150 Jewish wedding in Venice
Woodcut, *c.* 1600
Bodleian Library, Oxford

151 A Jewish marriage ring, found with gold ornaments in a hoard buried by Tartars during their subjugation by Ivan IV the Terrible
Drawing from the *Green Book* of Princess Dashkov (1742–1810)
Russian, 18th century
Sold with relics, Christie's, Geneva, 8 May 1979, lot 35

152, 153 Gilt bronze ring, the broad hoop with trailing foliage within a cable border surmounted by a bezel in the form of a fortified house with arcaded base and gabled roof
17th–18th century
Provenance: Zagaski sale, Sotheby's, New York
Zucker Family Collection

154 Gold ring, the hoop terminating in hands enamelled white raising up the bezel surmounted by a house, bosses standing out from each of the walls, and gabled roof supported by columns at each corner
19th century
Zucker Family Collection

155, 156 Gold ring, the wide hoop ornamented with filigree and beaded bosses and green enamel between chainwork borders surmounted by a bezel in the form of a hinged gabled roof with imbricated blue tiles, lifting to show the Hebrew letters for m[azal] t[ov]
Central or Eastern European, 18th–19th century
Lit.: cf. Chadour 1994, no. 1078
Zucker Family Collection

157, 158 Gold ring, the wide hoop edged with chainwork enclosing a band, ornamented with filigree, enamelled and beaded bosses, green and blue enamelled leaves, surmounted by an imbricated multicoloured roof opening to the inscription in Hebrew letters mazal tov. The aperture can be closed, and there is a pendant, also with tiled roof attached
19th century
Lit.: cf. Chadour 1994, no. 1078 for a very de luxe example though without pendant attached
Zucker Family Collection

159 Gold ring, the broad hoop with the outer surface ornamented with raised filigree bosses alternating with quatrefoils between pairs of beads, enamelled blue and white. The inside is inscribed in Hebrew letters mazal tov
Central or Eastern European, 17th–18th century
Lit.: cf. Chadour 1994, no. 1087
Zucker Family Collection

160 Gold ring, the wide hoop consisting of three bands of raised filigree bosses between pairs of beads within chainwork borders, the inside inscribed in Hebrew letters for m[azal] [t]ov
17th–18th century
Provenance: Melvin Gutman
Lit.: cf. Chadour 1994, no. 1089
Zucker Family Collection

161 Gold ring, the hoop with corded wire borders enclosing a band of openwork bosses and beading, the inside inscribed in Hebrew mazal tov

Central or Eastern European, 17th–18th century
Lit.: cf. Chadour 1994, no. 1088
Zucker Family Collection

162 Gilt bronze ring, the hoop edged with corded wire enclosing a band inscribed in Hebrew mazal tov interspersed with openwork bosses
Central or Eastern European, 19th century
Lit.: for other versions cf. Chadour 1994, nos 1096 and 1097
Zucker Family Collection

3 DEVOTIONAL, APOTROPAIC, AND PONTIFICAL RINGS

163 Queen Mary I hallowing cramp rings, from a manuscript bound into a prayer book, 16th century
20.5 x 15.5 (81/16 x 61/8)
Westminster Cathedral, London

164 Antique ring with a figure of Mercury, from Fortunius Licetus Genuensis, *De Anulis antiquis librum singularem* (dedicated to Cardinal Pallotto), Udine 1545

165 Deep blue faience ring, the broad flat hoop terminating in lotus flower shoulders, the oblong bezel with Horus
Egyptian, Late Period or Ptolemaic, 6th–1st century bc
Zucker Family Collection

166 Faience ring, the broad flat hoop terminating in flowers at the shoulders supporting the arched bezel with Bastet, accompanied by four kittens
Egyptian, Late Period or Ptolemaic, 6th–1st century bc
Zucker Family Collection

167 Blue faience ring with round hoop supporting the flat bezel pierced to represent the *udjat* or eye, symbol of Horus
Egyptian, New Kingdom or later
Zucker Family Collection

168 Cornelian ring, the hoop lined with gold supporting the rectangular bezel surmounted by a frog with incised details, stylized head of Hathor on the base
Egyptian
Lit.: Garside 1979/1980, no. 146
Walters Art Museum, Baltimore, 57.1536

169 Gold ring, the reeded hoop supporting the round bezel engraved with the standing figure of a woman offering incense
Greek, *c.* 400 bc
Private collection

170 Gold ring, the ridged hoop supporting the round bezel with the head of Pallas Athene facing front in high relief. She wears a crested helmet, and the aegis on her chiton
Greek, 4th–3rd century bc
A similar relief ring was found in a tomb of the 4th–3rd century bc at Santa Eufemia near Monteleone in Calabria: Marshall 1907/1968, no. 224
Provenance: Wyndham Cook and Robinson Collections
Lit.: Garside 1979/1980, no. 277
Walters Art Museum, Baltimore, 57.1027

171 Gold ring, the broad hoop terminating in square shoulders supporting the deep oval bezel set with a garnet intaglio head of Dionysos crowned with ivy facing to the left in profile
Hellenistic, 3rd century bc
M. L. Vollenweider, 'Das Bildnis des Scipio Africanus', *Museum Helveticum* (Basel), vol. 15, no. 1, 1958, p. 30, no. 32, suggests that this could be a portrait of Ptolemy IV Philopater (221–203 bc), who was often represented as Dionysos
Provenance: Morrison Collection (Christie's, London, 1898, p. 32, pl. II); Ernest Guilhou (Ricci 1912, no. 268)
Lit.: Garside 1979/1980, no. 279
Walters Art Museum, Baltimore, 57.1699

172 Gold ring with convex hoop, the bezel with applied head of Serapis modelled in the round
Roman0-Egyptian, 2nd century ad
Lit.: cf. Pierides 1971, pp. 49–50, pl. xxxiv, 1–2, gold ring from Paphos; and Marshall 1907/1968, no. 1302
Zucker Family Collection

173, 174 Gold ring, the hollow hoop supporting the round bezel with confronted heads of Zeus and Isis in high relief
Egyptian, Ptolemaic, 2nd century bc
Trustees of the Chatsworth Settlement

175 Silver ring, the round hoop terminating at the shoulders with cylindrical and cable twist ornament supporting the leaf-shaped bezel patterned with gold nails within a cable twist border
Greek, 6th century bc
According to Marshall 1907/1968, nails were used extensively in Antiquity as a means of warding off misfortune
Zucker Family Collection

176 Gold ring, the flat hoop expanding at the bezel with in relief a bunch of grapes, symbolic of Bacchus, the god of wine and conviviality
Roman, 2nd century ad
Zucker Family Collection

177 Gold ring, the hoop expanding at the shoulders supporting the round bezel with beaded border enclosing the figure of Mercury wearing a winged hat standing beside a votary
Roman, 3rd–4th century ad
Zucker Family Collection

178 Gold double ring, the flat hoops meeting at the intersection supporting the round bezel set with an onyx cameo head of Medusa within a milled border
Roman, late 3rd–early 4th century ad
Lit.: cf. Marshall 1907/1968, nos 840–42; and Dimitrovna-Milcheva 1981, no. 320, from Novae. For the cameo cf. Henig 1978, no. 729, from a hoard from Sully Moor, Cardiff, with coins dating from ad 300, and Henig and Whiting 1987, nos 407–9
Zucker Family Collection

179 Gold ring with square-section beaded and faceted hoop supporting the oval bezel engraved with the Chrismon, the monogram of Christ, in Greek letters
Byzantine, 6th–7th century
Lit.: Vikan 1987, p. 33, fig. 4
Zucker Family Collection

180 Gold ring with keeled hoop terminating in faceted shoulders each with a ring and dot motif supporting the bezel with applied oval disc engraved with a fish, symbol of Christ
Roman, 3rd century ad
Lit.: Vikan 1987, p. 32, fig. 1
Zucker Family Collection

181 Gold ring with round hoop expanding to the bezel engraved with an anchor, the Christian symbol for hope
Byzantine, 4th century or earlier
Lit.: Vikan 1987, p. 32, fig. 2
Zucker Family Collection

182 Gold ring, the wide octagonal hoop nielloed with seven scenes – Annunciation, Visitation, Nativity, Adoration of the Kings, Baptism, Crucifixion, and the Marys at the Tomb – supporting the large oval bezel depicting the Ascension; the sides of the bezel are inscribed in Greek translating 'Holy, holy, holy, Lord God of Hosts'
Byzantine, 6th century
Similar rings including marriage scenes were used at weddings, but this, which does not, was presumably worn by a prelate
Lit.: Garside 1979/1980, no. 427
Walters Art Museum, Baltimore, 45.15

183 Gold ring, the hoop composed of nine discs between pairs of beads supporting the raised oval bezel with a dove bearing an olive branch above the Holy Lamb and Cross
Byzantine, 6th–7th century
Lit.: Vikan 1987, p. 35, fig. 5
Zucker Family Collection

184 Gold ring with square-section hoop supporting the large round bezel with haloed bust of St Demetrios facing front, the letters d and t in the field
Byzantine, 6th–8th century ad
Cf. Beckwith 1970, p. 73: St Demetrios is depicted as a warrior saint (as here) or in Byzantine court dress
Lit.: Vikan 1987, fig. 21, p. 41
Zucker Family Collection

185 Gilt-bronze ring, the round hoop supporting the oval bezel with Virgin and Child, palm and cross
Byzantine, 6th–7th century
Lit.: Vikan 1987, p. 41, fig. 19
Zucker Family Collection

186 Gold ring, the round hoop terminating in hands supporting the raised hexagonal bezel with sides and top decorated with symmetrical scrollwork and a Greek inscription translating 'God protect the wearer'
Byzantine, Iconoclast period, 13th–15th century
Lit.: Vikan 1987, fig. 17, p. 40
Zucker Family Collection

187 Gold iconographic ring, the hoop wreathed, inscribed within in black letter en bon an, supporting the double bezel engraved with figures of the Virgin Mary and St Anne
English, 15th century
Zucker Family Collection

188 Gold ring, the hoop terminating in shoulders divided by beading into two panels both engraved and formerly enamelled with sprigs of flowers merging with the hexagonal bezel engraved with the Holy Trinity
English, 15th century
Zucker Family Collection

189 Drawing of a hoop ring with the Five Wounds of Christ (the first two Wounds are repeated again at the far right)
From Coventry, Warwickshire, early 16th century
The ring is in the British Museum: Dalton 1912, no. 718

190 Gold ring, the hoop inscribed in black letter ad iuva * maria amidst leafy sprays and inside * melchior balthasar, supporting the round bezel with the Vernicle
15th century
A bronze ring with the Vernicle is in the Ashmolean Museum, Oxford, Fortnum Collection: ms. catalogue, no. 78. For a group, some with names of the Three

Kings and invocation to the Virgin Mary, cf. Lindahl 2003, nos 160–85
Zucker Family Collection

191 Page from the Book of Hours of Cardinal Albrecht of Brandenburg, showing the Assumption of the Virgin, surrounded in the margins by rosaries to which rings are attached
By Simon Bening and assistants, Bruges, c. 1522–23
18 x 13 (7 x 5)
Fitzwilliam Museum, Cambridge, ms. 294e

192 Gold rosary ring, the hoop studded with ten turquoises supporting the pointed oval bezel bearing a cross
c. 1830
Private collection

193 Gold ring, the hoop terminating in shoulders engraved with the crowned initial m (for the Virgin Mary, Queen of Heaven), supporting the oval bezel set with a cabochon sapphire secured by four claws
15th century
Private collection

194 Gold ring, the hoop inscribed ave maria gr/atia plena terminating in dragon heads at the shoulders supporting the oval bezel, sides pierced with a band of eagles and with a floral upper border, set with a green stone
English, 13th century
Lit.: Garside 1979/1980, no. 474. For others cf. Oman 1974, pl. 26A
Walters Art Museum, Baltimore, 57.481

195 Gold stirrup ring, the pointed bezel set with a cabochon sapphire held in brackets to each side and inscribed with the Greek letters alpha (large script), and omega (small script). Hoop damaged in three places
For alpha and omega as a charm cf. Dalton 1912, no. 960
13th–14th century
Zucker Family Collection

196 Gold ring, the plain hoop expanding at the shoulders supporting the oval bezel with moulded border enclosing a sardonyx cameo portrait of Pius VII, facing in profile towards the right, skullcap and stole bearing his name, habillé with rose-cut diamonds
Early 19th century
Lit.: cf. Scarisbrick 2003, no. II.3
Private collection

197 Gold ring, the hoop terminating in traceried shoulders supporting the long openwork bezel in the form of a Gothic niche with cusped arch enclosing

the seated figure of the Virgin Mary, book on her lap, hands clasped in prayer, looking towards the left as if towards the Angel of the Annunciation
By Jules Wièse, Paris, c. 1860
Dr Joseph and Mrs Ruth Sataloff

198, 199 Gold ring, the ridged hoop terminating in two figures of angels, hands clasped in prayer, supporting the hexagonal bezel set with a sapphire intaglio portrait of a man in profile
19th century
Private collection

200 Woodcut illustrating the use of bloodstone to prevent nosebleed, from the Hortus Sanitatis of Johann Cuba, Strasbourg, c. 1497

201, 202 Ring carved from solid bloodstone, the convex hoop supporting the long oval bezel engraved with an intaglio head of a Julio-Claudian prince facing in profile towards the left
16th century
Trustees of the Chatsworth Settlement

203 F.-P.-S. Gérard (attrib.), Portrait of Queen Hortense, c. 1806
Oil on canvas
Fondation Dosne-Thiers, Paris

204 Jacques de Poindre, Portrait of Abbot Nicolas à Spira, 1563
Oil on panel, 86.4 x 60 (34 x 233/4)
Walters Art Museum, Baltimore, 37.258

205, 206 Gold ring, the convex hoop terminating in shoulders engraved with vine leaves, supporting the oblong bezel with scalloped sides set with a table-cut sapphire. The back of the bezel is enamelled with the papal tiara, crossed keys and the Farnese arms (Gold six fleurs de lis Azure). One shoulder is inscribed inside pp, the other iii
First half of the 16th century
Provenance: Ernest Guilhou (sale, Sotheby's, London, 1937, no. 654); Ralph Harari (Boardman and Scarisbrick 1977, no. 196)
Private collection

207 Gold cardinalatial ring, the hoop supporting the large bezel set with a faceted amethyst surmounted by a cardinal's hat enamelled red, flanked by tiers of tassels, and below a scroll with shield of arms inscribed deus meus adjutor meus (My God, my help)
Stamped sa for Samuel Arndt, court jeweller to the Tsar of Russia
19th century
Dr Joseph and Mrs Ruth Sataloff

208 Gold cardinalatial ring, the oval bezel with amethyst glass cameo of the Virgin within a diamond border above openwork scrolled sides, the shoulders with cardinalitial arms and those of Pope John XXIII (1958–63)
Dr Joseph and Mrs Ruth Sataloff

209, 210 Gold episcopal ring, the hoop terminating in openwork shoulders, one enclosing a snake pattern, the other Christ Crucified, surmounted by the letters ihsu and inri, supporting the octagonal bezel set with a bloodstone intaglio cross pattée, black-letter inscription and in the angles dpep, crosses within the shoulders
19th century
Dr Joseph and Mrs Ruth Sataloff

211, 212 Gold episcopal ring, the hoop terminating in shoulders with projecting panels one enclosing the head of Christ crowned with thorns and surmounted by a cross, the other the Virgin Mary, supporting the octagonal bezel set with an amethyst within a diamond border
19th century
Dr Joseph and Mrs Ruth Sataloff

213 Gold ring, the oval bezel set with a cabochon amethyst, the sides inscribed christus + mea + spes
Early 20th century
Dr Joseph and Mrs Ruth Sataloff

214, 215 Gold episcopal ring, the hoop inscribed omnia per christo terminating in shoulders with green leaves overlapping supporting the raised square bezel with double border of green and blue enamel interspersed with pearls set with a green tourmaline
By Louis Aucoc (1850–1932), Paris, *c.* 1900
Dr Joseph and Mrs Ruth Sataloff

216 Gold episcopal ring, the hoop terminating in triple ridged shoulders, supporting a square bezel set with an oval amethyst, the sides beaded
The ring's box bears the name of H. G. Murphy (1884–1939), London
Dr Joseph and Mrs Ruth Sataloff

217 Gold episcopal ring, the broad hoop chased with leaves terminating at a glory above a shield with crosses flanked by olive and palm branches, supporting the square bezel set with a faceted amethyst (10.44 carat)
By Cartier, Paris, 1928
Cartier Collection

4 MEMENTO MORI AND MEMORIAL RINGS

218 Roman cornelian intaglio ring with *memento mori* symbols
Engraving from A. Borioni, *Collectanea Antiquitatem Romanorum*, 1736

219 Pierre Woeiriot, design for a *memento mori* ring
Engraving from Woeiriot, *Livre d'aneaux d'orfèvrerie*, Lyons 1561, pl. 40

220 Gold ring, the hoop expanding to the oval bezel set with a nicolo intaglio of Cupid leaning on a reversed torch, the flame extinguished
Roman, 1st century ad
Trustees of the Chatsworth Settlement

221 Opening of the Office of the Dead
By Cristoforo Majorana and an assistant, Naples, *c.* 1490
17.5 x 12 (67/8 x 45/8)
Cambridge University Library, ms. Add. 4105, f. 157

222 Hans Eworth, *Portrait of a Gentleman aged 41, wearing a ring with a death's head*, 1567
Oil
Private collection, courtesy Sotheby's, London

223, 224 Gold locket ring, the hoop terminating in shoulders each set with a diamond in a beaded round collet supporting the bezel in the form of a death's head enamelled white resting on a pair of crossbones, all set with diamonds, opening up to a cavity set with a coral heart
17th century
Zucker Family Collection

225 Gold locket ring, the twin hoop in the form of bones supporting the death's head bezel which opens up to a cavity within. There is a later inscription inside the hoop, john needham, viscount ob 27 may 1791, aet 81
c. 1700
Zucker Family Collection

226 Gold ring, the double hoop formed from two interlaced snakes, their imbricated scales enamelled black, terminating in shoulders each set with a table-cut diamond, supporting the bezel with white death's head above crossbones, eye sockets filled with rose-cut diamonds
17th century
Lit.: cf. Dalton 1912, no. 1493
Zucker Family Collection

227 Gilles Légaré, design for a *memento mori* ring
Engraving from Légaré, *Livre des ouvrages d'orfèvrerie*, Paris 1663

228 Ring with *memento mori* symbols revived from Gilles Légaré

19th century
Dr Joseph and Mrs Ruth Sataloff

229 Gold ring, the hoop enamelled outside with skeleton, hourglass and crossbones, inscribed inside not lost but gone before, hair enclosed
17th century
Lit.: cf. Dalton 1912, no. 1485
Zucker Family Collection

230 Gold ring, the square bezel placed lozenge-wise on a later hoop, enclosing hair with cipher in gold thread beneath a slab of faceted crystal
Late 17th century
Zucker Family Collection

231 Gold and silver ring, the double wire hoop terminating in forked shoulders supporting the square bezel set with a table-cut ruby with skull and crossbones under crystal, framed in diamonds
c. 1730
Estate of Martin Norton

232 Trade card of Hill of Ball Alley, Lombard Street, London, a specialist in hair work
Engraving, 1791
British Museum, London

233 Gold ring, the curvilinear hoop enamelled white and inscribed lieut gen jn huske ob 3 jan: 1761. aet. 74
Zucker Family Collection

234 Gold ring, the wide 'dog collar' hoop enamelled black and inscribed jane allen ob: 21 feb: 1799. ae: 70
Hallmarked 1791
Zucker Family Collection

235 Gold and silver ring, the plain hoop supporting the bezel in the form of a funerary urn, pavé-set with diamonds
Mid-18th century
Zucker Family Collection

236 Gold and silver ring, the slender hoop supporting the oval bezel enamelled blue with applied funerary urn enamelled white and with diamond finial, foot and bowl, enclosed within a diamond border
c. 1780
Zucker Family Collection

237 Gold and silver ring, the hoop supporting the oval bezel enamelled royal blue with applied diamond funerary urn within a diamond border. The back is inscribed thomas roberts esq ob 21 sept 1795
Zucker Family Collection

238 Gold ring, the flat hoop expanding to support

the oval bezel with purple guilloché enamel ground bordered with brilliants enclosing a funerary urn set with a ruby. Glazed container for hair at the back. Inscribed wm smith esq ob 6 march 1793 aet 61
Zucker Family Collection

239 Gold ring, the plain hoop expanding at the shoulders to support the marquise bezel with bright-cut border enclosing a tableau of a woman grieving beside a funerary urn, beneath branches of a weeping willow
American, Baltimore, c. 1790
Private collection

240 Gold and silver brooch made from the octagonal bezel of a ring, containing hair identified by the diamond cipher gd surmounted by a ducal coronet, and the Cavendish snake below, inscribed soeur and amie
Commemorating Georgiana, Duchess of Devonshire (1757–1806)
Trustees of the Chatsworth Settlement

241 Richard Cosway, miniature of Georgiana, Duchess of Devonshire, c. 1780
Trustees of the Chatsworth Settlement

242, 243 Gold brooch, formerly a ring, the oblong bezel bordered in half pearls enclosing a mass of dark hair, the back inscribed george duke of st albans ob: 16 feby 1787 aet 28
Zucker Family Collection

244–247 Gold ring, the white hoop inscribed in Roman capitals on the outside henry • cavendish • ld • harley • nat • 18 • oc • 1725 • ob • 22 • oc • 1725 and on the inside une • vie • si • court • grand • affliction supporting the octagonal raised bezel set with a faceted sapphire. At the back of the bezel an achievement is enamelled in champlevé and en ronde bosse: Quarterly 1. Harley; 2. Brampton; 3. Cavendish; 4. Vere; the motto virtute et fide below and the supporters an angel silver robed winged and crined Gold, and a lion rampant guardant per fess Gold and Gules. The sides of the bezel are enamelled with the crests of the Harley and Cavendish families between crystal plaques covering the hair of the dead child, with symbolic torches
English, 1725
Another, with slight differences in the inscription and set with an emerald, sold Sotheby's, London, 25 November 1976: cf. D. Scarisbrick, 'The Harley Memorial Ring', in Art at Auction: the Year at Sotheby Parke Bernet 1976–7, ed. Anne Jackson, pp. 483–84
Private collection

248 Gold ring, in the form of a coiled snake with imbricated black scales with diamond eyes, inscribed within n. m. de rothschild obt 1836

The Earl and Countess of Rosebery

5 RINGS ASSOCIATED WITH ILLUSTRIOUS PEOPLE AND GREAT EVENTS

249 Unknown artist, *The Execution of Charles I*, *c.* 1650
Oil on canvas, 163.2 x 296.8 (641/4 x 1167/8)
Scottish National Portrait Gallery, Edinburgh, on loan from the Earl of Rosebery

250 Pierre Woeiriot, design for a ring
Engraving from Woeiriot, *Livre d'aneaux d'orfèvrerie*, Lyons 1561, pl. 11

251 Gold ring, the flat hoop inscribed constantino supporting the oblong bezel inscribed fidem, translating 'I pledge my faith to [the Emperor] Constantine'
Roman, 4th century ad
Derived from Roman prototypes; for another similar cf. Marshall 1907/1968, no. 649
Provenance: Ernest Guilhou (sale, Sotheby's, London, 1937, no. 417)
Lit.: Vikan 1987, p. 33 and p. 36, fig. 3
Zucker Family Collection

252 Gold ring, the plain hoop terminating at rose diamonds in massive silver collets on the shoulders supporting an octagonal bezel set with a garnet intaglio crowned cipher of Gustavus Adolphus, King of Sweden
17th century
The box, made by an Edinburgh silversmith, is inscribed to the earl of leven and melville, dec. 18 1870. from w and asm. the signet ring of gustavus adolphus, king of sweden. 'asm' is Lady Anna Maria Stirling Maxwell, the daughter of the 7th Earl of Leven and 8th Earl of Melville
Private collection

253, 254 Gold locket ring, the hoop terminating in shoulders engraved with black foliate ornament supporting the oval bezel which opens up to reveal a cavity inside, and is set with a cornelian intaglio bust of Charles I, King of Great Britain and Ireland, bearded and wearing a lace collar, facing in profile towards the right. The sides of the bezel are indented and the back was formerly enamelled blue, perhaps alluding to the Order of the Garter
17th century
Zucker Family Collection

255 Gold and silver ring, the hoop terminating in shoulders supporting the oval bezel enclosing a miniature of Charles I, King of Great Britain and Ireland, wearing deep lace collar and Garter sash, facing three-quarters towards the front, crowned with rose diamonds
18th century
Zucker Family Collection

256 Gold and silver ring, the hoop terminating at shoulders each set with three rose diamonds in silver collets flanking the oval bezel with indented edges enclosing a miniature of William III, King of Great Britain and Ireland, facing three-quarters towards the front
c. 1700
Zucker Family Collection

257, 258 Gold and silver diamond cluster comprising two rows of smaller stones surrounding the large centre stone, mounted as a bodkin, the back inscribed the gifte of chas ii to nelly gwynne
Diamond cluster 17th century, bodkin mount and inscription early 19th century
Provenance: the Dukes of St Albans, descendants of Charles II and Nell Gwynne
Zucker Family Collection

259, 260 Gold oblong locket enclosing a silver thread ribbon knot on a plaid fragment, the back inscribed a peice of the ribbon worn by charles 2nd on the day of his marriage
Locket 19th century
Provenance: the Dukes of St Albans, descendants of Charles II and Nell Gwynne
Zucker Family Collection

261 Gold and silver ring, the plain hoop dividing at openwork shoulders to support the oval bezel enclosing a miniature of the future James II when Duke of York, facing towards the front English, 18th century Zucker Family Collection

262, 263 Gold ring, the broad hoop comprising nine sections each inscribed with a letter in royal blue enamel spelling vive le roi, the bezel set with an onyx cameo portrait of George IV, King of Great Britain and Ireland
English, 1821
Trustees of the Chatsworth Settlement

264 Gold ring, the flat hoop decorated in varicoloured golds with flowers in relief supporting the oval bezel set with an opal within a brilliant-cut diamond border
Given by Tsar Nicolas I of Russia to the Duke of Devonshire, who represented George IV at the Moscow coronation in 1825
Trustees of the Chatsworth Settlement

265 Gold and diamond ring, with miniature of

William IV, King of Great Britain and Ireland, beneath a portrait diamond
c. 1831
Private collection

266 Queen Adelaide's gold ring stand, by Rundell, Bridge and Rundell, London
1827
Albion Art, Japan

267 Queen Victoria's coronation procession
Coloured print, 1838
Private collection

268 Gold ring, in neo-medieval style, with blue enamel interlaced ornament at the shoulders supporting the oblong bezel set with a dark table-cut diamond. The hoop is inscribed within ancient diamond from the crown of england vr (with crown), crowned 28 june 1838
One of the rings given by Queen Victoria to the eight trainbearers at her coronation
Estate of Martin Norton

269 Gold ring, the hoop terminating in shoulders each with applied crowned cipher A(lbert) E(dward) supporting the oval bezel enclosing a miniature of Edward VII, King of Great Britain and Ireland, beneath a portrait diamond, within a diamond border, with locket compartment below with cipher a above a heart
c. 1902
Albion Art, Japan

270, 271 Gold ring, the plain hoop supporting the round bezel enclosing a medallic portrait of Arthur Wellesley, Duke of Wellington, facing in profile towards the right (formerly covered by glass), and inscribed at the back waterloo
1852
Trustees of the Chatsworth Settlement

272 Gold ring, the flat hoop terminating in ribbed shoulders supporting the swivel bezel with oblong plaque enamelled black inscribed lt col thomas 1st regt of guards fell at the battle of waterloo
1815
Zucker Family Collection

273 Gold ring, the hoop expanding at the shoulders to support the long oval bezel enclosing a miniature portrait bust of Benjamin Franklin, facing three-quarters towards the right, painted on ivory, under glass, framed within a curvilinear gold border outlined in royal blue and white enamel
c. 1800–1850
Museum of Fine Arts, Boston, Bequest of Mrs Arthur

Croft, The Gardner Brewer Collection

274 Gold ring, the flat hoop expanding at the shoulders to support the long oval bezel enclosing a miniature portrait bust of George Washington, facing three-quarters towards the left, painted on ivory, outlined in black, under glass
c. 1800–1850
Museum of Fine Arts, Boston, Bequest of Mrs Arthur Croft, The Gardner Brewer Collection

275 Gold ring, the hoop expanding at the bright-cut shoulders to support the pointed oval bezel enclosing a portrait bust said to be of Washington Irving facing three-quarters towards the left, painted on ivory, under glass
c. 1850
Museum of Fine Arts, Boston, Bequest of Mrs Arthur Croft, The Gardner Brewer Collection

276 Richard Westall, *Portrait of Lord Byron*, 1813
Oil on canvas, 91.4 x 71.1 (36 x 28)
National Portrait Gallery, London

277 Gold ring, the plain hoop expanding at the shoulders to support the Roman-style oval bezel set with an onyx cameo of Leander swimming across the Hellespont towards Hero who watches him from a tower. The back is inscribed may 3 1810
19th century
Private collection

278, 279 Gold ring, the plain hoop terminating in twisted wire shoulders supporting the oval bezel set with a chalcedony intaglio of a woman in Classical drapery facing a snake surmounting a tree-trunk or column, perhaps Hygieia, daughter of Aesculapius. The back of the bezel is inscribed in italics percy bysshe shelley 1822
Ring 19th century, intaglio perhaps Roman
S. J. Phillips, London

280 Max Pollock, *Sigmund Freud at his Writing Desk*, 1914
Etching, 47.8 x 47.8 (1813/16 x 1813/16)
Freud Museum, London

281 Gold brooch, formerly a ring, the oval bezel set with a cornelian intaglio of Jupiter enthroned crowned by Victory watched by Minerva
Ring 20th century, intaglio 1st century ad
Provenance: Sigmund Freud, whose signet it was; Anna Freud, his daughter, who converted it into a brooch
Freud Museum, London

282 Silver ring, the plain hoop expanding at the

shoulders to support the oval bezel set with a nicolo glass intaglio of a pastoral scene of a countryman watching two goats,one of them perched on rocks beneath the branches of an overhanging tree
Ring 20th century, intaglio Roman
Provenance: Sigmund Freud, given to Ernst Simmel
Freud Museum, London

283 Louis-Ammy Blanc, *Portrait of Ernst August II, King of Hanover*, 1841
Oil on canvas, 222 x 150 (871/2 x 59)
Sotheby's, Hanover sale, Schloss Marienburg, Pattensen bei Hannover, October 2005

284, 285 Gold memorial rings enamelled black, white and red, the white hoop inscribed pss amelia died 2 nov 1810 aged 27, expanding at the shoulders to support the oval bezel with crowned cipher a, framed within a border inscribed remember me
English, 1810
Zucker Family Collection

286 Gold ring, the plain hoop expanding at the shoulders to support the Roman-style bezel set with a cornelian intaglio bust of William Henry, Duke of Gloucester, facing in profile towards the left
English, 18th century
Zucker Family Collection

287 Gold ring, the plain hoop expanding to support the Roman-style oval bezel set with a (cracked) cornelian intaglio bust of Edward Augustus, Duke of York, facing in profile towards the left
English, 18th century
Zucker Family Collection

288 Gold ring, the hoop expanding at the shoulders with relief decoration to support the oval bezel set with a cornelian intaglio bust of Prince George, future King George III of Great Britain and Ireland, on his majority, facing in profile towards the left
English, 1759
Zucker Family Collection

289 Gold ring, the plain hoop supporting the oval bezel set with a white paste cameo portrait bust of George III, King of Great Britain and Ireland, facing in profile towards the right
English, *c.* 1790
There is another example of this cameo by James Tassie in the collection of the Victoria & Albert Museum, London (no. M55-1950)
Zucker Family Collection

290 Gold ring, the plain hoop supporting the oval Roman-style bezel set with a white paste cameo portrait bust of a Hanoverian facing in profile towards

the left, applied to a bloodstone base. There is a container for hair at the back of the bezel
English, *c.* 1800
Zucker Family Collection

291 Gold ring, the hoop expanding to fluted shoulders supporting the round bezel with ribbed border set with an onyx cameo bust of George IV, King of Great Britain and Ireland, head wreathed in laurel, shoulder draped, facing in profile towards the left. The back is inscribed georgius iv d g brit rex mdcccxxi
English, 1821
Zucker Family Collection

292 Gold ring, the hoop expanding to fluted shoulders supporting the round bezel set with a bloodstone intaglio of George IV, King of Great Britain and Ireland, head wreathed in laurel, shoulder draped, facing in profile towards the right
English, *c.* 1820
Zucker Family Collection

293 Gold ring, the hoop supporting the large oval bezel with garnet border set with an onyx cameo bust of Frederick II, King of Prussia, facing in profile towards the right
18th century
Zucker Family Collection

294 Gold ring, the hoop terminating at forked shoulders filled with plant ornament supporting the round bezel with beaded border set with a miniature bust of Frederick II, King of Prussia, wearing a hat with a diamond brooch, blue uniform with red facings, star of an order at his breast, facing in profile towards the left
18th century
Zucker Family Collection

295 Gold ring, the plain hoop supporting the Roman-style oval bezel set with a cornelian intaglio head of Homer, facing in profile towards the right
18th century
Zucker Family Collection

296 Gold ring, the plain hoop supporting the Roman-style oval bezel set with a cornelian intaglio bust of Julia, daughter of the Emperor Titus, facing in profile towards the left
18th century
Zucker Family Collection

297 Gold ring, the plain hoop expanding at the shoulders to support the Roman-style oval bezel with a bloodstone intaglio inscribed with Gothick-style letters perhaps reading cen/nce/enc, presumably the initials of a message of good wishes

19th century
Zucker Family Collection

298 Gold ring, the plain hoop expanding at the shoulders to support the square bezel set with a chrysoprase intaglio with crest: out of a crown a leopard crowned, in a Garter surmounted by the coronet of an English royal duke
Late 18th–early 19th century
Zucker Family Collection

299 Gold ring, the hoop terminating in shoulders with niches enclosing suits of armour, supporting the square bezel set with a bloodstone intaglio engraved with a crest on a Continental royal crown: in front of a column the capital tipped with a fan of peacock feathers a leaping horse enclosed by two sickles the back of each blade with five peacock feathers, in a Garter with motto, surmounted by a Continental royal crown
After 1837
Zucker Family Collection

300 Gold ring, the plain hoop expanding at the shoulders to support the oval Roman-style bezel set with a yellow quartz intaglio shield of the arms of England, Scotland, Ireland, Brunswick, Lüneburg and Hanover in a Garter surmounted by the crown of an English royal duke
Late 18th–early 19th century
Zucker Family Collection

301 Gold ring, the wide hoop terminating at chevron shoulders supporting the octagonal bezel set with a cornelian intaglio shield of the arms of England, Scotland, Ireland, Brunswick, Lüneburg and Hanover with the crown of Charlemagne in a Garter surmounted by the collar of the Order of the Bath with four Order crosses hanging from it, the collar surmounted by the crown of an English royal duke
Late 18th–early 19th century
Zucker Family Collection

302 Gold ring, the plain hoop supporting the oblong bezel set with a cushion-shaped aquamarine intaglio of the shield of arms of Hanover: Gules a leaping horse silver, the supporters on two oak branches tied under the shield two wodewoses wreathed with oak leaves each holding a club over the outer shoulders, royal crown surmounting the shield
c. 1837–51
Zucker Family Collection

303 Gold ring, the plain hoop supporting the Roman-style oval bezel set with a cornelian intaglio of the Horse of Hanover, leaping towards the left
19th century

Zucker Family Collection

304 Gold ring, the hoop expanding to shoulders with oblique fluting supporting the octagonal bezel set with a cornelian intaglio of the Horse of Hanover, leaping towards the right
19th century
Zucker Family Collection

6 DECORATIVE RINGS

305 François Clouet, *Portrait of Elizabeth of Austria*, 1571
Oil on panel, 36 x 26 (14 x 101/2)
Musée du Louvre, Paris / RMN

306 Pierre Woeiriot, design for a ring
Engraving from Woeiriot, *Livre d'aneaux d'orfèvrerie*, Lyons 1561, pl. 18

307 Gold ring, the twisted wire hoop supporting the leaf-shaped bezel decorated with filigree rosette and foliage
Greek, from South Russia, 5th–4th century bc
Zucker Family Collection

308, 309 Gold ring, the multiple-corded wire hoop terminating at rosettes at the shoulders supporting the raised oval box bezel centred on an embossed figure of Hercules resting from his Labours on a rock, covered with a lionskin, club in hand, field inscribed in Greek xaipe (Good luck), within a fine filigree and beaded border. The sides of the bezel are decorated with a band of filigree and beaded spirals within plaited and twisted wire borders. There is a seven-petalled rosette with pierced centre at the back of the bezel
Greek, 5th century bc
Trustees of the Chatsworth Settlement

310 Gold ring comprising two snakes joined together to form three imbricated coils
Roman, 3rd century ad
Zucker Family Collection

311 Gold ring, the hoop terminating in ridged shoulders supporting the wide bezel set with a cabochon garnet
Roman, 1st century bc
Zucker Family Collection

312 Gold ring, the hoop terminating in faceted shoulders emphasized by pellets supporting the swivel bezel with an emerald bead
Roman, 3rd century ad
Lit.: cf. Marshall 1907/1968, nos 835–36 for similar shoulders of triangular shape
Zucker Family Collection

313 Gold hoop ring studded with seven box settings containing four cabochon garnets and three pieces of jade
Roman, 3rd–4th century ad
Lit.: cf. Marshall 1907/1968, no. 856 (ten settings) and no. 858 (sixteen settings)
Zucker Family Collection

314 Gold ring, the triple wire and beaded hoop widening to support the ivy-leaf bezel outlined in filigree forming volutes and set with a cabochon garnet
Roman, 3rd–4th century ad
Lit.: cf. Marshall 1907/1968, no. 769 for similar wire and beaded 'ribbons'
Zucker Family Collection

315 Gold ring, the wide hoop decorated with beaded ornament to each side of a continuous line of sockets formerly set with gems
Roman, 4th century ad
Zucker Family Collection

316 Gold ring, the hoop expanding to the flat bezel with dotted Greek inscription translating 'Grow'
Roman, 1st–2nd century ad
Lit.: Garside 1979/1980, no. 349
Walters Art Museum, Baltimore, 57.1863

317 Gold ring, the hoop expanding to the flat bezel incised with the palm of Victory
Roman, 2nd–3rd century ad
Zucker Family Collection

318 Gold ring, the hoop a continuous line of empty sockets, formerly filled with gems, between beaded borders supporting the conical bezel with double milled border, with sockets now empty, crowned by a circular collet on a milled base
Migration Period, 6th–7th century
Zucker Family Collection

319 Gold ring, the flat hoop supporting an openwork base surmounted by a 'shrine' bezel outlined with beading
Migration Period, 6th–7th century
Zucker Family Collection

320 Gold ring, the beaded hoop supporting an openwork 'shrine' bezel
Migration Period, 6th–7th century
Lit.: cf. Chadour 1994, no. 495
Zucker Family Collection

321 A gem dealer's shop, from a *Lapidary* attributed to Jean de Mandeville
French, 15th century
Bibliothèque Nationale de France, Paris, ms. fr.

9136, f. 34

322 Gold ring, the plain hoop supporting the stirrup-shaped bezel set with a cabochon sapphire
13th century
Zucker Family Collection

323 Gold ring, the round hoop terminating in triangular discs at the shoulders supporting the raised 'pie-dish' bezel set with a Ceylon cabochon sapphire
14th century
Zucker Family Collection

324 Gold ring, the plain hoop supporting the round bezel set with a cabochon sapphire
13th–14th century
Zucker Family Collection

325 Gold ring, the square hoop terminating at squares marking the junction with the triangular 'pie-dish' bezel set with a garnet
13th century
Zucker Family Collection

326 Gold ring, the round hoop terminating at discs applied to the shoulders supporting the round 'pie-dish' bezel set with a garnet
13th–14th century
Zucker Family Collection

327 Gold ring, the plain hoop supporting the round bezel with claws securing the cabochon pink sapphire
13th century
Zucker Family Collection

328 School of Lucas Cranach the Elder, *Portrait of Cardinal Albrecht of Brandenburg*, 16th century
Oil on panel, 53 x 37.5 (207/8 x 377/8)
The Cardinal, who was also Elector and Archbishop of Mainz, was a patron of Albrecht Dürer as well as Cranach
Landesmuseum, Mainz

329 Gold ring, the hoop expanding to shoulders engraved with acanthus scrolls supporting the oval bezel set with a faceted sapphire
c. 1540
Provenance: Dame Joan Evans
Zucker Family Collection

330, 331 Gold ring, enamelled blue, green and white, the hoop terminating at shoulders set with rubies amidst volutes and bosses in relief supporting the high double box bezel with indented edges set with an emerald and a table-cut sapphire with in oblong collets. The back is enamelled with a symmetrical pattern
16th century

Provenance: Ernest Guilhou (sale, Sotheby's, London, 1937, no. 726); Ralph Harari (Boardman and Scarisbrick 1977, no. 176)
Zucker Family Collection

332, 333 Gold ring, enamelled white, red, brown, blue and green, the hoop terminating in volutes and straps at the shoulders each set with two rubies supporting the sculptural bezel in the form of two recumbent stags back to back, their antlers holding up an emerald, a smaller emerald set in a subsidiary bezel below. At the back of the bezel there is a cruciform blue and white pattern centred on a red oval simulating a ruby
16th century
Provenance: Ralph Harari (Boardman and Scarisbrick 1977, no. 177)
Private collection

334 Gold ring, the hoop terminating at baluster shoulders supporting the quatrefoil bezel, lower sections of petals with ornament enamelled white, set with a cabochon ruby
16th century
Zucker Family Collection

335 Gold ring, the hoop terminating at shoulders with strap and bosses supporting the flat bezel set with five table-cut rubies, sides with ornament in white enamel
Late 16th century
Zucker Family Collection

336 Pierre Woeiriot, designs for two rings
Engraving from Woeiriot, *Livre d'aneaux d'orfèvrerie*, Lyons 1561, pl. 7

337 Gold ring, the hoop terminating in raised shoulders supporting the quatrefoil bezel set with a turquoise
c. 1540
Zucker Family Collection

338 Marcus Collenius, *Portrait of an Amsterdam Jeweller*, *c.* 1660
Oil
S. J. Phillips, London

339 Gilles Légaré, designs for rings
Engraving from Légaré, *Livre des ouvrages d'orfèvrerie*, Paris 1663
Private collection

340 Gold ring, the hoop terminating in white blackwork ornament, supporting the octagonal bezel, sides divided into sixteen triangles with alternate white and black ornament set with a table-cut stone foiled blue, the back with ornament in black enamel
1610

Provenance: F. Engel Gros Collection
Private collection

341 Gold ring, the hoop terminating in shoulders with ornament in relief supporting the star-shaped bezel set with five garnets (a point-cut amidst four of triangular cut), enamelled sides and shoulders
17th century
The cutting of the centre garnet imitates the shape of the natural octahedral diamond
Zucker Family Collection

342 Gold hoop ring set with seven table-cut rubies
Late 17th century
Zucker Family Collection

343 Gold ring, the hoop terminating in shoulders with a boss within a cartouche above trailing scrolls supporting the cruciform bezel set with four table-cut rubies
17th century
Zucker Family Collection

344 Gold ring, the hoop terminating at shoulders with black foliate scrolls supporting the hexafoil bezel set with six table-cut rubies around a diamond centre
Mid-17th century
Zucker Family Collection

345 Christian Taute, designs for the bezels of *giardinetti* rings
Hand-coloured engraving, *c.* 1750
Victoria & Albert Museum, London

346 Gold and silver ring enamelled white, the hoop like a leafy stem with shoulders supporting the bezel shaped as a flower set with three table-cut emeralds
17th–18th century
Private collection

347 Gold ring, the narrow hoop supporting the bezel in the form of a ruby flowerhead with emerald green leaves
Mid-18th century
Estate of Martin Norton

348 Gold and silver ring, the hoop dividing at the shoulders to support the openwork ruby, emerald and table-cut diamond bouquet in a vase with gold handles set with a point-cut diamond
Mid-18th century
Zucker Family Collection

349 Gold and silver ring, the floral bezel set with coloured stones and diamonds
Mid-18th century
Zucker Family Collection

350 Trade card of John Neville and Richard Debaufre, at the sign of the Hand and Ring in Norris Street, Haymarket, London
1747
Private collection

351 Gold and silver ring, the hoop dividing at the shoulders to support the openwork diamond and emerald floral bezel
18th century
Zucker Family Collection

352 Gold and silver ring, the ridged hoop supporting the openwork floral bezel set with coloured stones
18th century
Estate of Martin Norton

353, 354 Gold and silver ring, with ruby and diamond, crowned, on stem with emerald leaves, shown alone and in its shaped shagreen box
c. 1760
Sandra Cronan

355 A ring box, with diamond monogram m for the owner
18th century
Private collection

356 Gold and silver ring, the plain hoop supporting the round bezel set with a brilliant-cut diamond framed in a ruby border within interlaced ribbons of emeralds and of diamonds and sapphires
18th century
Estate of Martin Norton

357 Gold and silver ring, the hoop dividing at the shoulders to support the round bezel set with a cabochon emerald within a diamond border
c. 1760
Zucker Family Collection

358 Gold and silver ring, the hoop dividing at the shoulders to support the cluster bezel set with a ruby within a double border of rubies and diamonds
18th century
Zucker Family Collection

359 Gold and silver ring, the flat hoop terminating at ribbed shoulders supporting the round bezel enamelled with a face covered by a white mask, eyes set with rose-cut diamonds, surrounded by an open border of rubies and diamonds in petal-shaped collets
c. 1750
Zucker Family Collection

360 Gold and silver ring, the plain hoop supporting the bezel in the form of a banded agate cameo bust of a black boy, facing front, habillé with diamond turban and trimming to garment
Mid-18th century
Estate of Martin Norton

361 Hubert-François Bourguignon, known as Gravelot
A Game of Quadrille (detail), c. 1750
Oil
Courtesy of Pelham Galleries, London

362 Gold and silver ring, the ribbed hoop interspersed with rubies supporting the bezel in the form of a winning hand at cards executed in enamel, rubies and diamonds
18th century
Private collection

363 Gold and silver ring, the plain hoop supporting the bezel shaped as a winning hand of cards, enamelled and set with diamonds
18th century
Private collection

364 Gold ring, the plain hoop expanding at the shoulders to support the round bezel set with a cornelian cameo of a bald-headed comic mask
Ring 18th century, cameo 1st century ad
Provenance: Duke of Marlborough, no. 670; Ionides Collection, no. 77
Estate of Martin Norton

365 Gold ring, the plain hoop expanding to the long oval bezel set with an onyx cameo of the childhood of Bacchus
Ring and cameo 18th century
Provenance: Earl of Elgin
Private collection

366 Gold ring, the plain hoop expanding to support the long octagonal bezel set with three small truncated cone intaglios of an eagle, a canopic vase and Minerva
Ring late 18th century, intaglios 1st–2nd century ad
Trustees of the Chatsworth Settlement

367 Twenty-four rings from the collection of Frederick V of Denmark
Mid-18th century
The Royal Collections at Rosenborg Castle, Copenhagen (inv. 2297). Photo Kit Weiss

368 Jean-Auguste-Dominique Ingres, *Portrait of Madame Marcotte de Sainte-Marie*, 1826 (detail)
Oil on canvas, 93 x 74 (365/8 x 291/8)
Musée du Louvre, Paris / RMN. Photo Gérard Blot/ Christian Jean

369 Gold and silver ring, the hoop terminating in

chased shoulders supporting the flat oval bezel set with brilliant-cut diamonds centred on a tiny ruby, echoed by the ruby border
First half of the 19th century
Private collection

370 Gold and silver ring, the hoop expanding to support the flat bezel set with a ruby framed in a diamond border
First half of the 19th century
Private collection

371 Gold and silver ring, the flat bezel composed of alternate lines of rubies and diamonds, set obliquely
First half of the 19th century
Private collection

372, 373 Gold Egyptian-style ring, the hoop decorated with lotus flowers terminating in sphinxes crouching at the shoulders, supporting the scarab bezel
c. 1870
Private collection

374 Gold Roman-style ring, the hoop terminating in snake heads, fangs gripping the oval bezel set with a cabochon emerald
By Jules Wièse, Paris, c. 1870
Private collection

375, 376 Gold Renaissance-style ring, the chased and enamelled hoop terminating in white putti at the shoulders supporting the raised box bezel set with a round pearl, sides with black, green and red enamel
19th century
Private collection

377 Gold ring, the hoop supporting the long oval bezel enamelled in the manner of Limoges, with a figure of Calliope, muse of the dance, within a blue and white enamel border
Enamelled by Bernard Alfred Meyer (1832–1904)
Private collection

378, 379 Gold ring, the hoop in two colours fusion decorated with leaves and a butterfly in Japanese style
American, stamped inside pat. aug 26 79
Private collection

380, 381 Gold ring, the hoop enamelled with trails of flowers and leaves on a white ground supporting the bezel set with a pearl surrounded by diamonds
By Falize, Paris, 19th century
Dr Joseph and Mrs Ruth Sataloff

382, 383 Gold ring, the hoop and shoulders with fish and mermaids holding anchors supporting the oval bezel set with an aquamarine intaglio of a bell and

compass
Box stamped tiffany & co. new york/paris/london
1893
Lit.: Garside 1979/1980, no. 701
Walters Art Museum, Baltimore, 57.112

384, 385 Gold ring, the hoop terminating in diamond shoulders forming a stem winding round the bezel bearing a Baroque pearl between enamelled leaves
Signed Le Turcq
By Georges Le Turcq, Paris, c. 1900
Lit.: illustrated with similar rings by Le Turcq in Vever, III, 1908/1980, p. 645
Private collection

386, 387 Gold ring, the chased hoop terminating at the bezel with the heads of a nymph and satyr embracing
With an unidentified signature
c. 1900
Private collection

388, 389 Gold ring, the openwork hoop of branches inhabited by a serpent and the full-length figure of Eve, between them a ruby apple, representing the Temptation
c. 1900
Private collection

390 Gold ring, the hoop supporting the long bezel in the form of a nymph, standing on a pearl, drapery flying over her head and shoulders
c. 1900
Private collection

391 Gold ring, the hoop supporting the cruciform bezel set with blister pearls surrounding a coloured stone within a beaded border
American, by Josephine Hartwell Shaw (1862–1941), c. 1913
Museum of Fine Arts, Boston, 131699. Gift of John Templeman Coolidge Jr. and others

392–397 Chaumet, designs for rings
c. 1900
Courtesy Chaumet, Paris

398 Gold and silver half-hoop ring set 'à jour' with three cushion-cut Burmese rubies alternating with brilliant-cut diamonds with high tables
Probably English, c. 1898
Zucker Family Collection

399 Platinum millegrain ring, the hoop terminating at diamond-set shoulders supporting the narrow oval bezel set with three cushion-cut rubies within a diamond border
c. 1905

Zucker Family Collection

400 Platinum millegrain ring, the ridged hoop terminating at shoulders supporting the long marquise bezel set with a marquise diamond amidst calibré-cut rubies within a diamond border
c. 1910
Zucker Family Collection

401 Platinum millegrain ring, the hoop terminating in diamond-set shoulders supporting the long bezel set with a round diamond flanked by swirls of calibré-cut sapphires and emeralds
c. 1915
Zucker Family Collection

402 Gold ring, the hoop dividing at the diamond shoulders supporting the round bezel set with a pearl in a diamond and emerald border
By Marcus & Co., New York, *c.* 1900
Private collection

403 Gold cross-over ring, the hoop terminating in diamond shoulders supporting the double bezel, one section set with a ruby within a diamond surround, and the other with a diamond within a ruby surround
c. 1910
Private collection

404 Photograph of Sarah Bernhardt as Mélisande in *La Princesse lointaine*, *c.* 1900
Private collection

405 Platinum millegrain ring, the hoop supporting the square bezel with cut corners set with a Cambodian sapphire surrounded by a diamond frame within a calibré-cut sapphire border
c. 1925
Zucker Family Collection

406 Platinum ring, the hoop supporting the flat octagonal bezel paved with invisibly set rubies, centred on two diamond points, groups of baguette-cut diamonds at front, back and shoulders
c. 1930
Private collection

407 Advertisement for Van Cleef & Arpels, Paris, 1947

408 Gold ring, the gadrooned hoop, shoulders and sides of the bezel surmounted by a coral dome encircled by a crown of golden openwork leaves each enclosing a square-cut emerald and a small diamond
By Cartier, Paris, 1947
Provenance: the Duchess of Windsor
Cartier Collection

409 Gold and platinum ring, the triple-channelled hoop supporting the bezel of bombé form, set with round faceted sapphires flanked on each side by brilliant-cut diamonds divided by corded wire
By Cartier, New York, 1956
Cartier Collection

410, 411 Gold ring, the quadruple hoop expanding to foliate shoulders supporting the bombé bezel paved with a mosaic of rubies, sapphires and emeralds with round diamonds between
Cartier, New York, 1960s
Provenance: Madame Claude Cartier
Private collection

412 Gold ring, the fluted hoop expanding at the shoulders to support the dome-shaped bezel set with seven rows of graduated ruby beads, platinum sides pavé-set with diamonds
By Cartier, Paris, 1965
Cartier Collection

413 Gold ring, the eight hoops supporting the lozenge-shaped bezel set with a cabochon amethyst surrounded by twelve turquoise beads. The ring opens to form a bracelet of interlocking rings
By Cartier, London, 1970
Cartier Collection

7 DIAMOND RINGS

414 Master of the Ridotto, *The Diamond Exchange, Venice*
Oil, *c.* 1760
Zucker Family Collection

415 Pierre Woeiriot, design for a diamond ring
Engraving from Woeiriot, *Livre d'aneaux d'orfèvrerie*, Lyons 1561, pl. 14

416 Brown diamond in the natural octahedral form
Zucker Family Collection

417, 418 Gold ring, the hoop terminating in angular shoulders supporting the high openwork bezel set with a diamond, showing the double pyramidal form of the natural octahedron
Late 3rd–early 4th century ad
Provenance: Le Clercq Collection (Ridder 1911, no. 2065, said to have been found in Tartus, Syria)
Zucker Family Collection

419, 420 Gold ring, the chiselled hoop terminating in angular shoulders supporting the openwork bezel set with a crystal imitating a point-cut diamond
3rd century ad
Lit.: cf. Ogden 1973, pp. 179–80

Private collection

421 Miniature showing the Duc de Berry looking at jewels, illustrating the beginning of Book xvi, on stones, colours and metals
By the Boucicaut Master, from Barthélemy l'Anglais, *Livre des propriétés des choses* (translation into French by Jean Corbechon, 1372, of Bartholomew the Englishman's *Liber de proprietatibus rerum*, 'On the properties of things'), Paris, *c.* 1410
Bibliothèque Nationale de France, Paris, ms. fr. 9141, f. 235v

422, 423 Gold ring, set with diamonds, with the motto loiaute on one side of the hoop and sans fin on the other – 'loyalty without end'
14th century
Found in Cheshire in 2002 by John Wood, sold Christie's, London, 15 June 2006, lot 398
Courtesy Christie's, London

424 Hymen, god of marriage, presiding over the marriage of Costanzo Sforza and Camilla d'Aragona with a ring symbolic of marital harmony, 1475
Biblioteca Apostolica Vaticana, Rome, Cod. Urb. lat. 899, f. 56v (detail)

425 Agnolo Bronzino, *Portrait of Eleanora of Toledo*, *c.* 1543
Oil on panel
Narodni Galerie, Prague. Photo The Bridgeman Art Library

426 Gold ring, the hoop terminating in projecting shoulders each centred on a boss supporting the raised box bezel set with a brown point-cut diamond
16th century
Zucker Family Collection

427 Gold ring, the hoop terminating at projecting shoulders supporting the raised box bezel set with a point-cut diamond, the longer two sides of the bezel divided by arches
16th century
Zucker Family Collection

428, 429 Gold ring, the hoop terminating in foliate shoulders projecting outwards, supporting the quatrefoil bezel, petals chased and formerly enamelled, set with a point-cut diamond
16th century
Zucker Family Collection

430 Gold ring, the hoop terminating in projecting shoulders with bosses and strapwork supporting the quatrefoil bezel set with a table-cut diamond with petals chased with fleurs-de-lis enamelled black

16th century
Zucker Family Collection

431 Gold ring, with projecting shoulders supporting the bezel set with four triangular diamonds, a line of table-cut diamonds continuous round the hoop, the inside enamelled with black and white interlaced strapwork, and spiral twists at the back of the bezel
Mid-16th century
Lit.: Garside 1979/1980, no. 570
Walters Art Museum, Baltimore, 44.480

432 Gold ring, the engraved scroll hoop terminating at scrolled shoulders set with a ruby between two table-cut diamonds supporting the raised bezel set with five point-cut diamonds like a star
Mid-16th century
Provenance: Frederic Spitzer; Ralph Harari
Lit.: Fontenay 1887, p. 59
Zucker Family Collection

433 Gold ring, the hoop terminating in shoulders formerly enamelled with blackwork continuous round the sides of the box bezel set with a point-cut diamond
c. 1600
Zucker Family Collection

434 Gold ring, the hoop dividing at the shoulders chased with scrolls supporting the inverted pyramidal bezel set with a table-cut diamond held in eagle's claws
c. 1620
Cf. Henig and Scarisbrick 2003, pl. 21, and fig. 12, detail of a portrait by Cornelisz Verspronck of a lady with a similar solitaire ring on the index finger of her right hand
Zucker Family Collection

435, 438 Gold ring, the hoop terminating in blackwork pattern shoulders supporting the hexagonal bezel set with a rose-cut diamond, the sides also with blackwork
c. 1610
Zucker Family Collection

436 Gold ring, the hoop terminating in shoulders enamelled with black and white acanthus leaves continuous round the sides of the box bezel set with a table-cut diamond between two smaller diamonds, the settings indented
c. 1660
Private collection

437 Gold ring, the hoop supporting the bezel in the form of a fleur-de-lis set with table-cut diamonds, with traces of white enamel at the back
17th century
Private collection

439 Gold ring, the hoop broadening to shoulders engraved with foliate scrolls enamelled black supporting the round bezel set with a rose-cut diamond
17th century
Zucker Family Collection

440 Gold locket ring, the hoop terminating in shoulders engraved with foliate scrolls enamelled white supporting the round hinged bezel set with eight rose-cut diamonds surrounding a larger central stone similarly cut; inside the cavity is enamelled white; the arcaded sides of the bezel filled with white enamel
c. 1700
Lit.: cf. La Joyeria española, p. 163
Zucker Family Collection

441 Gold ring, the hoop supporting the flat bezel set with three table-cut diamonds on either side of a larger diamond in the centre, placed lozenge-wise. The collets are indented
17th century
Private collection

442 Gold ring, the ridged hoop supporting the wide bezel set with a table-cut diamond in a raised box collet with indented edges flanked on each side by a group of three table-cut diamonds
17th century
Zucker Family Collection

443 Treasury order authorizing a payment of £6,000 to Sir Francis Child, jeweller and banker, for supplying diamond rings to ambassadors to the court of William III, 1695
Private collection

444 Unknown artist, Portrait of a Diamond Dealer in Mechlin, Flanders
Oil
Mid-18th century
Zucker Family Collection. Photo Peter Schaaf

445 Gold and silver ring, the plain hoop supporting the square box bezel set with a brilliant-cut diamond solitaire
18th century
Jonathan Norton

446 Gold and silver ring, the plain hoop supporting the round cluster bezel set with brilliant-cut diamonds within a border of smaller stones
Mid-18th century
Jonathan Norton

447 Gold and silver ring, the plain hoop dividing at the shoulders supporting the openwork bezel set with a ruby surrounded by four diamonds

18th century
Jonathan Norton

448 Gold and silver ring, the hoop terminating at forked shoulders each enclosing a diamond, supporting the square bezel set with a large brilliant-cut diamond framed within a border of smaller brilliant-cut diamonds. The back of the bezel is chased with a swirling pattern
Mid-18th century
Jonathan Norton

449 Gold and silver ring, the double wire hoop dividing at the shoulders to support the round cluster bezel set with brilliant-cut diamonds
18th century
Zucker Family Collection

450 Gold and silver ring, the plain hoop supporting the bezel in the form of a fly set with rose-cut diamonds
18th century
Zucker Family Collection

451 Gold and silver ring, the hoop expanding at the shoulders to support the large rounded oval bezel set with diamonds radiating out from the large central stone on a foiled violet blue ground, within a diamond border
c. 1785
Lit.: Garside 1979/1980, no. 628
Walters Art Museum, Baltimore, 57.1765

452 Gold and silver ring, the hoop inscribed and terminating at diamond-set shoulders supporting the bezel set with a large diamond between two smaller diamonds with pairs of diamonds between
18th century
Zucker Family Collection

453 Gold and silver half-hoop ring set with four diamonds alternating with pairs of smaller stones
Late 18th–early 19th century
Zucker Family Collection

454 Silver ring, the plain hoop supporting the round bezel representing the head of the 'green man' entirely pavé-set with diamonds, facing front
Probably French, c. 1760
Other cameo-style portraits entirely executed in diamonds include those of Pope Pius VI and Louis XVI: B. Herz, Catalogue of the Collection of Henry Thomas Hope, London 1839, p. 31 and no. 47, pl. VII
Private collection

455 Gold ring, the hoop terminating at shoulders enamelled royal blue with a pattern of trefoils

supporting the octagonal bezel set with a portrait diamond
Late 18th century
Zucker Family Collection

456 Adolf Ulrik Wertmüller, *Portrait of Queen Marie-Antoinette with her Children in the Gardens of the Trianon*, 1785 (detail)
Oil on canvas, 276 x 194 (1085/8 x 763/16)
Nationalmuseum, Stockholm, NM1032

457 Gold and silver ring, the narrow hoop supporting the square bezel set with a brilliant-cut diamond framed within a border of diamonds, four to each side, similarly cut
c. 1800
Zucker Family Collection

458 Gold and silver ring, the slender hoop supporting the cluster bezel set with a brilliant-cut diamond with high table bordered by eight smaller stones edged with eight diamond sparks
Early 19th century
Zucker Family Collection

459 Gold ring, the ridged hoop (inscribed within) supporting the openwork round bezel enclosing a mass of fifteen brilliant-cut diamonds of Indian origin
Inscribed with the date 1862
Zucker Family Collection

460 Gold and silver ring, the chased and scrolled hoop supporting the round bezel set with brilliant-cut diamonds, the high central stone framed within two circles of smaller stones
Ring first half of the 19th century, stones perhaps an 18th-century cluster remounted
Zucker Family Collection

461 Platinum millegrain ring, the hoop terminating at diamond cross-over shoulders supporting a line of collet-set diamonds continuous round the sides of the square bezel set with a brilliant-cut diamond
c. 1910
Private collection

462 Platinum millegrain ring, the plain hoop terminating in shoulders pavé-set with circular-cut diamonds centred on a baguette-cut diamond flanking the stepped bezel set with three baguette-cut diamonds bordered by sapphire triangles within pavé-set diamond triangles
c. 1925
Zucker Family Collection

463 Platinum ring, the plain hoop terminating in shoulders each set with a baguette-cut diamond

supporting the openwork bezel set with a brilliant-cut pink diamond
By Chaumet, Paris, 1915
Private collection

464 Rose-coloured gold ring, the hoop with moulded borders expanding to support the high stepped bezel rising between between lines of diamonds
New York, *c.* 1935
Private collection

465, 466 Rose-coloured gold ring, the broad hoop supporting the large double ribbon bezel pavé-set with diamonds, lines of rubies to each side
c. 1940
Private collection

467 Gold ring, the broad hoop supporting the massive bezel in the form of an open flower, petals cradling a graduated line of five brilliant-cut diamonds
French, by Jean Fouquet (1899–1960), *c.* 1950
Private collection

468 Gold and platinum ring, the wide onyx hoop terminating in pavé-set diamond chevron-shaped shoulders supporting the oval bezel pavé-set with circular and baguette-cut diamonds centred on a brilliant-cut diamond
By Cartier, Paris, 1949
Cartier Collection

469 Yellow gold ring, the hoop expanding to form a seated tiger, skin pavé-set with yellow diamonds striped with onyx, eyes set with pear-shaped emeralds
By Cartier, Paris, 1982
Cartier Collection

8 THE RING AS AN ACCESSORY

470 'Miss Blanche Tomlin – and hand', from *The Tatler*, London, 8 March 1916

471 Pierre Woeiriot, design for a ring watch
Engraving from Woeiriot, *Livre d'aneaux d'orfèvrerie*, Lyons 1561, pl. 32

472 Bronze key ring, the hoop broadening to support the flat bezel engraved with standing figures of Serapis and Isis
Roman, 2nd century ad
Zucker Family Collection

473, 474 Gold ring, the four hoops which fit together into a compact ring opening up in pairs to form an armillary sphere
17th century
Lit.: cf. Oman 1930, no. 943

Sandra Cronan

475 Gold and silver ring, the hoop expanding to shoulders with applied sprays of flowers set with diamonds supporting the round bezel containing a watch within a diamond border
French, *c.* 1760
Provenance: Prince Anatole Demidoff
Lit.: Garside 1979/1980, no. 608
Walters Art Museum, Baltimore, 58.50

476 Gold and silver ring, the hoop expanding to support the octagonal bezel enamelled red, centred on the round dial of a watch within a diamond border surmounted by marriage torch and quiver, between floral sprays with trails of flowers below
c. 1780
Estate of Martin Norton

477, 478 Gold ring, the hoop terminating in foliage at the shoulders supporting the round bezel with dial bordered by rose diamonds within a green guilloché enamel frame
The dial is marked bredillard/france
c. 1910
Private collection

479 Rose- and grey-coloured gold ring, the shoulders supporting the oblong dial covered by a curved slab of crystal with rose diamond border at each end
c. 1940
Private collection

480 Gold 'poison' ring, the hoop terminating in chimerae at the shoulders supporting the locket bezel set with a faceted emerald, opening to a cavity
By Marcus & Co., New York, *c.* 1890
Dr Joseph and Mrs Ruth Sataloff

481 Gold hoop ring attached by two chains to a perfume flask enamelled with flowers and butterflies against a black ground. There is a miniature of a young woman at the base
c. 1830
The Earl and Countess of Rosebery

482 Gold calendar ring, the hoop enamelled black indicating the days of the week and months of the year
c. 1830
Zucker Family Collection

483 Gold ring with chain attached for handkerchief or scent flacon, inscribed f. fowler
c. 1870
Museum of Fine Arts, Boston, 51,244

致亲爱的中国读者

得知古今珠宝研习社团队翻译出版Rings的中文版，我感到非常荣幸。中国是一个有着璀璨悠久艺术传统的国家。我先生生前曾与我同行到访过中国，他喜爱收集宋瓷和玉雕，我们在中国亲身感受到艺术的博大精深。作为一名珠宝历史学家，如果翻阅我的作品，可以发现我在1995年出版的《尚美——源自1780年的大师杰作》中真切地表达过，中国艺术对法国旺多姆广场珠宝业影响力之大令人震惊。它如此强烈地吸引着20世纪对时尚敏锐的巴黎人，以至于《时尚》杂志曾写道"玉石——尤其是雕刻过的玉石从未像现在这样受欢迎过"，珠宝品牌尚美为优雅的阿布迪夫人（Lady Abdy）制作了镶嵌玉石的黄金戒指，当时很多名流巨贾，也都青睐过中国风格的耳环，流苏吊坠，珠串和手链。除此之外，香烟盒和梳妆盒上镶嵌玉石雕刻，亦或装饰漆器工艺珐琅工艺制作的中式图案，都是当年的畅销款式。最近，我在阅读弗朗西斯·卡地亚·布里克尔撰写的卡地亚历史时还发现，该品牌的创始人三兄弟之一——雅克·卡地亚曾经收集过很多中国艺术书籍，对明代硬木家具的简洁线条、几何形制和图案尤为痴迷。

我本人对于珠宝的热爱就是始于戒指，已经四十余载，这份独特的热爱源自当年被邀请为牛津阿什莫尔博物馆的藏品编纂图录。通过对历史的研究，我很快意识到每一枚戒指的背后都有自己的故事。尽管戒指体型很小，却是时代艺术和文化的缩影。戒指是一种非常私人的配饰，所以它们比其它任何古董珠宝都更能令人感受到曾经主人的生活。古董戒指的存世量也较多，它们可以完整展现出人类连续不断的历史，表达关于宗教、爱情和死亡这些永恒的主题，那些珠光宝气的戒指也彰显了当时人们的财富。

在这本书里，我试图去描述这些不同的主题是如何在年代更迭中被诠释和演绎，以及某些风格又如何在后续的年代中被复兴。特别有意思的是透过一系列戒指去回顾那些历史中的杰出人物和历史事件，从古埃及法老埃赫那吞，一直到1837年维多利亚女王的加冕礼。而那些与诗人拜伦和雪莱有关的戒指，以及西格蒙德·弗洛伊德送给他最亲密的同事和学生作为友谊象征的戒指，又让我们回忆起另外一些非凡出众的人们。此外，戒指的吸引力还表现在它可以与伟大的文学作品相呼应，在莎士比亚的一些戏剧中，剧情就是以戒指为中心展开。最后，我衷心祝愿这部中文译本获得成功，并希望那些购买这本书的读者会享受阅读的过程，一如我享受创作*Rings*的过程。

戴安娜·斯卡里斯布里克

后记

　　《戒指之美》（*Rings*）是我们古今珠宝研习社翻译组自2019年
《珠宝圣经》（*Jewelry：From Antiquity to the Present*）之后又一部知
名珠宝典籍的中文版译本。几位伙伴依旧是本着打造一个非商业
的珠宝爱好者和读者交流平台的宗旨，将珠宝学家的原著带给中
国读者，希望这本《戒指之美》可以让更多的珠宝文化爱好者，
领略到珠宝的文化魅力。

　　之所以选择把这本书呈现给中国读者，也是对一直以来支持
我们的读者一个回报。我们的古今珠宝研习社发展至今旗下已经
有主流社交媒体公众号、珠宝书籍精选微店、喜马拉雅及苹果播
客的音频节目等多个线上媒体输出平台，以及珠宝展厅、读书空
间、珠宝沙龙、主题巡展、品鉴派对、高校讲座等各种线下活
动，逐渐形成了线上线下相结合的珠宝文化公益推广矩阵，积累
了大量珠宝爱好者粉丝。随着与读者的互动增加，很多读者在后
台提问关于戒指的问题，我们发现戒指作为最普及的珠宝款式之
一，流传至今，在当下的生活形态和流行趋势中仍然占有主流地
位，其穿越千年仍然被津津乐道的神奇魅力不可小觑。为了解开
这"魔力指环"的背后故事，这本《戒指之美》应运而生。

　　在本书的翻译过程中，一些在《珠宝圣经》中出现过的工艺
名词和款式名词，我们继续沿用了之前的中文翻译，另外一些生
僻的词汇，我们尽量用通俗的中文加以阐释，以便于读者认知和
理解。在翻译过程中，我们也查阅了很多资料和图鉴，自己也丰
富了知识和见闻，由于本书篇幅有限，我们不能把这些有趣的内
容都添加到书里，所以我们仍然会在古今珠宝研习社微信公众号

通过"拓展阅读"栏目以推文的形式分享给大家。

  本书最后的翻译工作，正逢新冠疫情全球蔓延。我们在整理那些祈祷戒指、爱情戒指和哀悼戒指的相关内容的时候，更对戒指多了一分感悟和理解。在人类文明发展的过程中，珠宝作为物质世界最精华的浓缩，不仅仅代表着财富与美丽，也对应承载着人类最真切的情感和期寄。一枚小小的戒指，不仅蕴涵着主人的意念，也让一个个生命发生了关联。最后也希望《戒指之美》可以让大家了解珠宝精艺之美、文化蕴涵之美的同时，更能珍惜和崇敬人性之美。

古今珠宝研习社

2020年4月

图书在版编目（CIP）数据

戒指之美 /（英）黛安娜·斯卡里斯布里克（Diana Scarisbrick）著；
全余音，别智韬，柴晓译. — 北京：中国轻工业出版社，2023.1
ISBN 978-7-5184-3034-5

Ⅰ.①戒… Ⅱ.①黛…②全…③别…④柴… Ⅲ.①戒指–基本
知识 Ⅳ.① TS934.3

中国版本图书馆 CIP 数据核字（2020）第 100930 号

责任编辑：杜宇芳　　　责任终审：李建华　　　封面设计：伍毓泉
版式设计：锋尚设计　　　责任校对：朱燕春　　　责任监印：张　可

出版发行：中国轻工业出版社（北京东长安街6号，邮编：100740）
印　　刷：北京博海升彩色印刷有限公司
经　　销：各地新华书店
版　　次：2023年1月第1版第2次印刷
开　　本：710×1000　1/16　印张：24.25
字　　数：500千字
书　　号：ISBN 978-7-5184-3034-5　定价：198.00元
邮购电话：010-65241695
发行电话：010-85119835　传真：85113293
网　　址：http://www.chlip.com.cn
Email：club@chlip.com.cn
如发现图书残缺请与我社邮购联系调换
221654W3C102ZYW